GESTEINSANALYTISCHES PRAKTIKUM

VON

PROF. DR. E. DITTLER
VORSTAND DES MINERALOGISCHEN INSTITUTES
DER UNIVERSITÄT WIEN

MIT EINEM ANHANG

KONTROLLE UND GRAPHISCHE DARSTELLUNG DER GESTEINSANALYSEN

VON

DR. A. KÖHLER
PRIVATDOZENT AN DER UNIVERSITÄT WIEN

MIT 9 TEXTFIGUREN

BERLIN UND LEIPZIG 1933
WALTER DE GRUYTER & CO.
VORMALS G. J. GÖSCHEN'SCHE VERLAGSHANDLUNG · J. GUTTENTAG, VERLAGSBUCHHANDLUNG · GEORG REIMER · KARL J. TRÜBNER · VEIT & COMP.

Archiv-Nr. 52 49 33

DRUCK VON METZGER & WITTIG IN LEIPZIG

Vorwort.

Die Gesteine lassen sich nach ihrer Entstehung in drei große Gruppen gliedern, in Eruptiv- (Tiefen- und Erguß-) Gesteine, Sedimente und metamorphe Gesteine. Mit Ausnahme der Kalke und Dolomite sind sie Silikatgesteine. Die Analyse der Silikatgesteine kann bei Berücksichtigung der akzessorischen Gemengteile (Zirkon, Turmalin, Beryll usw.) recht große Schwierigkeiten bereiten und erfordert langjährige Erfahrung. Gerade die Bestimmung der Nebenbestandteile ist aber für die Beurteilung eines Gesteines von besonderer Bedeutung.

Die Ansprüche an die Genauigkeit und Vollständigkeit einer Gesteinsanalyse werden immer höher gestellt, insbesondere, seitdem die geochemischen Forschungen V. M. Goldschmidts die Notwendigkeit der quantitativen Ermittlung auch der seltenen Elemente in den Gesteinen und Meteoriten erwiesen haben. Hierzu reichen die üblichen nassen Methoden bei weitem nicht mehr aus und eine ganze Anzahl neuer analytischer Verfahren ist der Gesteinsanalyse ebenbürtig zur Seite getreten.

Die analytische Chemie befindet sich gerade jetzt in einem Übergangsstadium: die quantitative Spektralanalyse, die Verwendung organischer Fällungsreagenzien und potentiometrische Meßmethoden zwingen den Gesteinsanalytiker, sich den neuen Verfahren anzupassen und sie neben den bisher geübten zu verwenden oder diese zu ergänzen.

Es ist nicht möglich, in dem kurzen Rahmen dieses Werkes eine, wenn auch nur kurze Übersicht über jene Methoden der quantitativen Spektralanalyse und Röntgenspektroskopie zu geben, welche in neuester Zeit, insbesondere von V. M. Goldschmidt und seinen Schülern mit so großem Erfolg zur Feststellung der Verteilung seltener Elemente in der Erdrinde angewendet werden. Es sei nur erinnert an die geochemischen Arbeiten V. M. Goldschmidts über das Germanium, Beryllium, Bor usw., über die Mannigfaltigkeit der chemischen Elemente, insbesondere der seltenen Erden in Pegmatitgesteinen und an die mikrodokimastischen Methoden zwecks Feststellung der Edelmetalle in Gesteinen und Meteoriten. Da diese Methoden eine besondere Einrichtung und Technik erfordern, so kann in diesem Buche nicht darauf eingegangen werden. Es besteht aber kein Zweifel, daß den neuen Verfahren im Gange auch der Mineral- und Gesteinsanalyse eine stets wachsende Bedeutung zukommt.

Der Verfasser des vorliegenden Büchleins setzte sich die Aufgabe, an Stelle der veralteten Anleitung zur Gesteinsanalyse von Max Dittrich eine neue Zusammenstellung jener Methoden zu bringen, wie sie sich bei der Analyse der Silikatgesteine am Mineralogischen Institute der Universität Wien im Laufe der letzten Jahre besonders bewährt haben.

Das Werk, das, dem Wunsche des Verlages entsprechend, nicht zu umfangreich werden sollte, enthält die „zünftigen" Methoden der Gesteinsanalyse. Der Verfasser war bemüht, sie dem neuesten Stand der analytischen Wissenschaft anzupassen und hat sich nicht gescheut, dieselben einer eingehenden Prüfung für die besonderen Zwecke der Gesteinsanalyse zu unterziehen. So fand die, dem ausgezeichneten Werke von H. S. Washington (The Chemical Analysis of Rocks, New York und London, 4te ed. 1930) entnommene Methode der Manganbestimmung mittels Perjodat eine eingehende Prüfung; ferner wurden unter anderem vergleichende Untersuchungen über die Manganfällung mit und ohne Bromwasser angestellt und die Ergebnisse dieser Experimente in dem vorliegenden Werk verarbeitet. Die Trennung der Beryll- von der Tonerde, die titrimetrischen Borbestimmungsmethoden von E. Schulek und G. Vastagh und die titrimetrische Bestimmung der Kohlensäure mit Barytlauge usw. wurden in das Büchlein aufgenommen, nachdem ihre Brauchbarkeit in der Gesteins- bzw. Mineralanalyse durch eingehende Versuche festgestellt war.

Angeschlossen findet sich eine kurze Übersicht über „Gesteinsberechnung" von Privatdozent Dr. A. Köhler mit einigen Beispielen darüber, wie Mikroskop und Analyse ineinandergreifen müssen, damit eine richtige Interpretation des Gesteins erfolgen kann.

Herrn Prof. Dr. A. Marchet ist der Verfasser für gewissenhafte Durchsicht des Manuskriptes zu großem Dank verpflichtet.

Möge das Büchlein eine gute Aufnahme finden; gleichzeitig bittet der Verfasser die Herren Fachgenossen, ihn auf etwaige Mängel aufmerksam machen zu wollen.

Wien, im April 1933.

E. Dittler.

Inhalt.

Seite

Einleitung 1

I. Teil: Gesteinsanalyse 3

1. Vorbereitung des Gesteins zur Analyse 3
2. Hygroskopisches Wasser: H_2O^- 4
3. Aufschluß mit Soda. Bestimmung von SiO_2, TiO_2, Al_2O_3, Fe_2O_3, MnO, MgO und CaO 5
4. Kieselsäure 7
5. Ammoniakfällung. TiO_2, Al_2O_3, Fe_2O_3, MnO bzw. Mn_2O_3, P_2O_5, ZrO_2, Ce_2O_3, Y_2O_3, Cr_2O_3 11
6. Trennung der Oxyde Al_2O_3, Fe_2O_3 und TiO_2 15
7. Die kolorimetrische Bestimmung der Titansäure 18
8. Gesamteisenbestimmung 20
9. Trennung größerer Mengen Mangan von Eisen und Tonerde 24
10. Trennung der Beryllerde von der Tonerde 27
11. Calciumoxyd 28
12. Strontium- und Bariumoxyd 31
13. Magnesiumoxyd 33
14. Bestimmung der Alkalien als Chloride 35
15. Kaliumoxyd 41
16. Lithiumoxyd 44
17. Bestimmung der Alkalien als Sulfate 45
18. Eisenoxydul 46
19. Manganoxydul bzw. -oxyd 49
20. Phosphorsäure 53
21. Bestimmung des Wassers über 110°: H_2O^+ 57
22. Gesamtschwefel, Zirkonium, Barium, Chrom und seltene Erden 59
23. Sulfatschwefel: SO_3 66
24. Chlor 67

Seite

25. Fluor 68
26. Kohlensäure 73
27. Borsäure. 79
28. Kupfer, Nickel, Kobalt, Zink, Chrom, Molybdän und Vanadin 84
29. Analyse der Karbonatgesteine 86

II. Teil: Kontrolle und graphische Darstellung der Gesteinsanalysen. 89

Einleitung 89
1. Kontrolle der Analysen 89
2. Graphische Darstellung der Gesteinsanalysen 98
A. Dreiecksdarstellung nach A. Osann 99
B. Das *Si—U—L*-Dreieck nach F. Becke 102
C. Das Konzentrationstetraeder nach P. Niggli 104
D. Die Niggli-Beckesche Methode 107
E. Das *or-ab-an* und das *ls-fs-qs*-Dreieck nach A. Marchet 108

Literaturverzeichnis. 112

Einleitung.

Eine qualitative Gesteinsanalyse auszuführen hat keinen Zweck, sie wird nur dann ausgeführt, wenn es sich darum handelt, Schwermetalle nachzuweisen, die später quantitativ bestimmt werden sollen. Diese Elemente finden sich fast immer in Mineralstoffen von basischen und ultrabasischen Gesteinen und lassen sich im Dünnschliffbilde meist nicht nachweisen.

Die Bestandteile, welche in jeder Gesteinsanalyse bestimmt werden müssen, sind folgende: SiO_2, TiO_2, P_2O_5, Al_2O_3, Fe_2O_3, FeO, MnO, MgO, CaO, Na_2O, K_2O, H_2O^+ und H_2O^-.[1])

Vom Mineralbestand des Gesteines hängt es ab, ob auch CO_2, SO_3, S, Cl, F, BaO, SrO, ZrO_2 und seltene Erden Ce_2O_3 und Y_2O_3, z. B. in natronreichen, syenitischen Gesteinen, Cr_2O_3 und NiO z. B. in magnesiareichen, basischen Gesteinen, ermittelt werden müssen, oder ob man sich deren Bestimmung ersparen kann.

Jeder chemischen Untersuchung eines Gesteines sollte zunächst durch einen erfahrenen Mikroskopiker eine Prüfung des Gesteines unter dem Mikroskop vorangehen. Dünnschliffuntersuchungen geben rasch Aufschluß über die Natur des Gesteines, sie geben uns Anhaltspunkte dafür, nach welchen selteneren Elementen bei der Analyse zu suchen ist: Zr bei Gegenwart von Zirkon, Cl bei Nosean, SO_3 bei Hauyn, S bei Gegenwart von Pyrit oder Magnetkies, F bei Flußspat, B_2O_3 bei Turmalin usw.

Wir erfahren ferner aus dem mikroskopischen Befund, ob in größerer Menge Tonerdeminerale (Granat, Andalusit,

---

[1]) H_2O^+ über 110° und H_2O^- unter 110°.

Sillimanit usw.) vorhanden sind oder nicht, wodurch eine Kontrolle über die Tonerdezahl, welche in vielen Analysen fehlerhaft und meist zu hoch bestimmt ist, erhalten wird.

Die Dünnschliffuntersuchung zeigt uns weiter, ob das Gestein genügend frisch ist oder ob es sekundär beträchtliche Mengen CO_2 und H_2O aufgenommen hat. Nur frisches Material darf zur Analyse verwendet werden! Durch die Dünnschliffuntersuchung erfahren wir endlich die volumprozentische Zusammensetzung des Mineralgehaltes, aus welchem das Gestein besteht, sie ist für die Berechnung und Kontrolle der Gesteinsanalyse von größter Wichtigkeit.

Vor Ausführung der Analyse wird man an einem größeren Bruchstück auch eine Bestimmung des spezifischen Gewichtes vornehmen; dieselbe gehört mit zur wesentlichen Charakteristik des Gesteines (siehe S. 90).

Eine mit Sorgfalt ausgeführte Gesteinsanalyse, welche alle die obengenannten Oxyde berücksichtigt, kann unter 14 Tagen nicht beendet werden; sie kann nur dann eine Abkürzung erfahren, wenn zwei erfahrene und geübte Analytiker zusammenarbeiten, die in ihrer Arbeitsweise aufeinander eingestellt sind und sich gegenseitig ergänzen. Unter solchen Umständen ist es möglich, eine vollständige Analyse in 8 Tagen fertig zu bekommen, vorausgesetzt, daß das Laboratorium entsprechend eingerichtet und die nötigen Lösungen vorhanden sind.

I. Teil.

Gesteinsanalyse.

1. Vorbereitung des Gesteins zur Analyse.

Zur Analyse werden möglichst frische Stücke, je nach der fein- oder grobkörnigen Beschaffenheit, 200—500 Gramm[2]), am besten mittels Stahlhammer und Stahlmörser aus bestem Wolframstahl so weit zerkleinert, daß ein Pulver von etwa Sandkorngröße resultiert, aus dem durch Quarteln und Mischen ein Durchschnittsmuster von 20—50 Gramm entnommen wird.[3]) Zur weiteren Zerkleinerung der Probe benutzt man einen sogenannten Diamantmörser. Damit sich keine Eisenteilchen dem Pulver beimengen, muß man sehr vorsichtig arbeiten und das Pistill unter stetem Drehen nur leicht mit einem Holzhammer und nicht etwa mit einem Eisenhammer klopfen. Der im Diamantmörser fein zer-

[2]) Bei grobporphyrischen Gesteinen empfiehlt es sich, eine Probe von 1—2 kg auf Erbsenkorngröße zu bringen und daraus erst die Probe zu ziehen.

[3]) Folgende Substanzmengen sind erforderlich: Hauptaufschluß 0,5—1 g; Eisenoxydulbestimmung 0,5—1 g; Gesamtmangan- und Phosphorsäurebestimmung 0,5—1 g; Alkalienbestimmung 0,5 g; Bestimmung des Wassers über 110° C 0,5—1 g; Bestimmung des Gesamtschwefels, Bariums, Zirkoniums, allenfalls Chroms und der seltenen Erden 1—2 g; Bestimmung von Sulfatschwefel, Chlor, Fluor und Bor je 1—2 g. Zur Bestimmung der Kohlensäure müssen unter Umständen bis 10 g in Verwendung genommen werden. Schwierig ist eine richtige Probenahme bei der Analyse von Steinmeteoriten, weil diese metallische Anteile von Nickeleisen einschließen. Man trennt das metallisch Unzerreibbare von dem silikatischen Anteil, wägt nach der Trennung durch den Magneten beide Anteile und analysiert jeden für sich. Das Gesamtergebnis wird durch Addition der Resultate beider Analysen im Verhältnis der Gewichte des metallischen und silikatischen Anteiles erhalten.

kleinerten und gut durchgemischten Probe entnimmt man nun etwa 10 g und reibt diese in mehreren Portionen von je $^1/_2$—1 g in einer Achatschale so fein, daß sich das Pulver vollkommen in die Poren der Haut einreiben läßt. So werden auch schwer aufschließbare Minerale (Staurolith, Topas, Disthen, Granat usw.) für den Aufschluß genügend vorbereitet.

Für Gesteine, welche reich sind an FeO, darf die für die Eisenoxydulbestimmung entnommene Probe nicht zu fein gepulvert werden. Lang andauerndes Reiben in der Achatschale ist bei dieser Probe jedenfalls zu vermeiden (siehe S. 46). Dies gilt nach J. Jakob besonders für pyroxen- und amphibolreiche, weniger für biotitreiche Gesteine. Auch ein Beuteln oder Sieben des Pulvers ist unbedingt zu vermeiden, weil dadurch leicht Fäserchen der Leinwand in die Substanz gelangen und Störungen durch Reduktion bei der Eisenoxydulbestimmung hervorrufen können, andererseits bleiben bei dieser Behandlung schuppige Minerale (Chlorite oder Glimmer) im Siebe zurück und entgehen der Analyse.

Die Analyse der einzelnen Proben wird grundsätzlich an lufttrockenem Material ausgeführt und alle im Laufe der Analyse erhaltenen Werte auf die bei 110° getrocknete Einwage umgerechnet.

2. Hygroskopisches Wasser.[4])

Das bei 110° C entweichende Wasser wird zweckmäßig in derselben Einwage bestimmt, die zum Sodaaufschluß verwendet wird; man erhitzt in einem gewogenen und ausgeglühten Platintiegel von etwa 35 ccm 1 g der Substanz in einem Trockenschrank zwei Stunden auf die angegebene

[4]) Inwieweit hierbei auftretendes Wasser als „Konstitutionswasser" mit in die Analyse einzubeziehen ist, bleibt der Kritik des Analytikers überlassen. Ist der Verlust bei 110° beträchtlich und nicht konstant, so ist es zweckmäßig, auch noch bei etwa 125° zu trocknen, um zu sehen, ob eine weitere Gewichtsabnahme statthat, die auf Zeolithe oder Feldspatvertreter deutet, auf welche mikroskopisch zu prüfen ist:

Temperatur und wiederholt das Erhitzen nach dem Abkühlen im Chlorcalciumexsikkator und Wägen je eine weitere halbe Stunde auf die gleiche Temperatur, bis das Gewicht konstant geworden ist.

Es ist aber nicht statthaft, etwa die gesamte Analysensubstanz vor der Analyse zu trocknen und die Einzelbestimmungen (FeO, MnO, S usw.) an dem einmal getrockneten Materiale auszuführen, weil sich das Analysenmaterial in getrocknetem Zustande schlecht aufbewahren läßt und immer wieder Wasser anzieht. Da der Wassergehalt ferner in hohem Maße von der Korngröße der Pulver abhängig ist, so ist es auch aus diesem Grunde notwendig, in jeder Einwage (Hauptaufschluß, Alkalien, Eisenoxydul usw.) das bei 110° entweichende Wasser gesondert zu bestimmen, um vergleichbare Analysenzahlen zu erhalten.[5])

Wir arbeiten daher so, daß wir die für die Einzelbestimmungen ausgewählten Proben ohne Rücksicht auf ihre Korngröße jedesmal erst 1—2 Stunden bei 110° erhitzen und die erhaltenen Analysenzahlen wie beim Hauptaufschluß auf die bei 110° getrocknete Substanz umrechnen.

3. Aufschluß mit Soda.

Bestimmung von SiO_2, TiO_2, Al_2O_3, Fe_2O_3, MnO, MgO und CaO.

0,5—1 g der Substanz[6]), an der man das hygroskopische Wasser bestimmt hat, wird mit der etwa sechsfachen Menge chemisch reinen und wasserfreien Natriumkarbonats versetzt und mit einem dicken Platindraht oder Platinspatel gut

[5]) Bei einem Granit ergaben sich z. B. folgende Unterschiede: Wassergehalt H_2O^-, an Pulver:

grob	mittel	fein
0,06%	0,60%	1,40%

[6]) Bei basischen Gesteinen genügt eine Einwage von 0,5 g, damit die Niederschläge nicht zu groß werden.

durchgemischt.[7]) Draht bzw. Spatel werden unter Zuhilfenahme eines Stückchens schwarzen Glanzpapieres mit kohlensaurem Natrium gut abgespült. Der Tiegel wird mit dem Deckel bedeckt, zunächst 10 Minuten mit ganz kleiner Flamme, hierauf, bis das Spritzen aufgehört hat, durch 10 bis 15 Minuten mit der allmählich auf ihre größte Wirkung gesteigerten Flamme eines Teclubrenners erhitzt und schließlich 15—30 Minuten vor dem Gebläse (900—1000°) geglüht, bis das gleichmäßige Fließen der Schmelze die Beendigung der CO_2-Entwicklung und damit des Aufschlusses anzeigt; zuletzt müssen auch die Seitenwände des Tiegels und der Deckel gut geglüht werden, um dadurch etwa Hinaufgespritztes aufzuschließen; nur saure Gesteine geben eine nahezu klare Schmelze, basische zeigen stets Flöckchenbildung.

Wenn sich alles in einem gleichmäßigen, dünnen Fluß befindet und keine CO_2-Entwicklung mehr statthat, legt man den Deckel auf ein sauberes Uhrglas beiseite, faßt den noch glühend heißen Tiegel am besten mit einer mit Platinspitzen versehenen Zange, verteilt die Schmelze vorsichtig durch drehende Bewegung auf die Tiegelwandung und hält, sowie die Masse zu erstarren beginnt, den Tiegel derart in eine mit kaltem Wasser gefüllte Porzellanschale, daß nur der untere Teil des Tiegels in das Wasser taucht. Auf diese Weise lockert

---

[7]) Das verwendete Natriumkarbonat muß rein sein und darf nicht mehr als 0,1 g fremde Bestandteile (SiO_2, Al_2O_3, Fe_2O_3, CaO und MgO) enthalten. Das Schema für den Schmelzprozeß lautet:

$$2\,KAlSi_3O_8 + 6\,Na_2CO_3 = K_2CO_3 + Al_2O_3 + 6\,Na_2SiO_3 + 5\,CO_2.$$

Durch den Aufschluß bilden sich durch Salzsäure leicht zersetzliche Alkalisilikate, Oxyde und Karbonate der Basen. Enthält das Gestein größere Mengen Pyrit, so ist es nötig, den Schwefel durch Zugabe einer Messerspitze KNO_3 zum Aufschlußmittel zu oxydieren. In eisenoxydulreichen Gesteinen oxydiert sich nach J. Jakob ein Teil des FeO unter Bildung von metallischem Eisen zu Fe_3O_4: $3\,FeO \rightarrow Fe_2O_3 + Fe$. Da sich dieses metallische Eisen mit dem Platin legiert (blauroter Überzug nach dem Glühen der Kieselsäure), so empfiehlt es sich, auch bei FeO-reichen Gesteinen der Soda eine Messerspitze voll KNO_3 zuzusetzen.

sich die Schmelze etwas von der Tiegelwandung und läßt sich nach mehrmaliger Wiederholung des Vorganges durch leichtes Klopfen mit dem Finger vollständig herausbringen.[8]) Die Schmelze gibt man in eine geräumige Platinschale (600 ccm)[9]); der noch im Tiegel und am Deckel befindliche Rest wird mit heißem Wasser und wenig verdünnter Salzsäure gelöst und ebenfalls in die Platinschale gebracht.[10])

Bei Gegenwart größerer Mengen von Mangan ist die Schmelze vielfach blau, bei Gegenwart von zugleich viel Eisen grün und die Lösung rosa gefärbt; man erwärmt dann so lange, bis die Rosafärbung verschwindet und fügt allenfalls zur Reduktion des gebildeten Permanganates einige Tropfen Alkohol hinzu.[11])

4. Kieselsäure.

Zur Abscheidung der Kieselsäure und Lösung der Basen fügt man zu der in der Platinschale bzw. Porzellanschale befindlichen Schmelze in Wasser unter Bedecken mit einem großen Uhrglas langsam etwa 40—60 ccm konzentrierte, reine

---

[8]) Eine Deformierung des Tiegels durch Quetschen und Drücken ist streng zu vermeiden. Je glatter und je weniger verbeult der Platintiegel ist, um so besser löst sich von ihm die Schmelze ab. H. S. Washington bedeckt die völlig erkaltete Schmelze mit etwas dest. Wasser, erhitzt nach einigen Minuten Stehens mit ganz kleiner Flamme und wiederholt diese Prozedur so lange, bis sich die Schmelze gelöst hat; die einzelnen Fraktionen werden in einer geräumigen Platinschale gesammelt.

[9]) Bei viel Eisen ist eine nicht angerauhte Berliner Porzellanschale wegen der lösenden Einwirkung des $FeCl_3$ auf das Platin vorzuziehen. Angerauhte Schalen bedingen ein Plus an SiO_2.

[10]) Es ist zweckmäßig, die Schmelze zunächst in heißem Wasser zerfallen zu lassen, bevor man Salzsäure zusetzt, weil die durch die Säure ausgeschiedene Kieselgallerte schützend die noch ungelösten Substanzteilchen einhüllt und vor der Lösung bewahrt. Sehr vorteilhaft ist es, die gröberen Klümpchen mit einem Achatpistill vorsichtig zu zerdrücken.

[11]) Vermutet man größere Mengen Mangan, so darf wegen des freiwerdenden Chlors, das beträchtliche Mengen Platin löst, nicht sofort Salzsäure zugefügt werden, sondern dies darf erst nach Reduktion des Manganates erfolgen.

Salzsäure hinzu und erwärmt erst nach dem Nachlassen der CO_2-Entwicklung unter öfterem Umrühren mit einem gerundeten Jenaer Glasstab, bis keine harten Teilchen und Klümpchen mehr bemerkbar sind. Auf diese Weise lösen sich sämtliche Basen, während die Kieselsäure sich teils flockig abscheidet, teils aber noch in Lösung bleibt. Man bringt auf dem Wasserbad alles zur Trockne, bis die Masse nur noch schwach gelblich gefärbt und ein Geruch nach Salzsäure nicht mehr wahrzunehmen ist. Dies geschieht am besten über Nacht.

Der Trockenrückstand wird vorsichtig zerkleinert und noch etwa 2 Stunden am Wasserbad stehengelassen.[12])

Nach dem Erkalten und abermaligen Zerkleinern der Salze durchfeuchtet man den Inhalt der Schale mit so viel Salzsäure, daß eine schwach teigige Masse entsteht; auf keinen Fall mehr, da Kieselsäure in starker Salzsäure wieder löslich wird; man läßt, ohne zu erwärmen, 15 Minuten zur Lösung der gebildeten basischen Chloride stehen, fügt etwa 100 ccm heißes Wasser hinzu und erwärmt noch $^1/_4$ Stunde unter häufigem Umrühren auf dem Wasserbad. Nun erst kann die ungelöst zurückbleibende, amorphe Kieselsäure abfiltriert werden (Weißbandfilter). Man läßt absitzen und befreit durch mehrmaliges Dekantieren anfangs mit heißer, etwa 5prozent. Salzsäure, später mit heißem Wasser von den adsorbierten Salzen.[13]) Man wirbelt den Niederschlag der Kieselsäure mittels eines sehr feinen Strahles aus der Spritzflasche tüchtig auf, füllt die Filter bis nahe an den Rand mit

---

[12]) Bei Gegenwart von viel Calcium- und Magnesiumsalzen, die bekanntlich hartnäckig Wasser zurückhalten, bleibt gerne Kieselsäure in Lösung. Dennoch ist davor zu warnen, die Schale mit Inhalt etwa im Trockenschranke bei 110° zu erhitzen, weil sich durch Salzsäure leicht lösliche Magnesiumsilikate bilden, die später wiederum Kieselsäure an das Filtrat abgeben.

[13]) 5% Salzsäure verhindert die Hydrolyse der Eisen- und Aluminiumchloride. Man prüft mit Rhodankalium und wäscht, wenn kein Eisen mehr vorhanden, mit heißem Wasser zu Ende.

der Waschflüssigkeit und läßt jedesmal vollständig ablaufen, bevor man neuerdings aufgießt. Auf diese Weise — vier- bis sechsmaliges Waschen genügt meistens — wird die Kieselsäure sehr rasch frei von Alkalien, die restlos entfernt werden müssen, denn beim späteren Abrauchen der Kieselsäure mit Schwefel- und Flußsäure werden allenfalls vorhandene Alkalichloride in Sulfate verwandelt, welche, weil schwerer als die Chloride, ein Manko in der Kieselsäurebestimmung veranlassen, das nach J. Jakob leicht zwei und mehr Gewichtsprozente betragen kann. Aus diesem Grunde muß die Kieselsäure wirklich völlig alkalifrei ausgewaschen werden, bis eine Probe des ablaufenden Wassers mit Rhodankalium keine Eisen- oder besser mit Silbernitrat keine Chlorreaktion mehr gibt.

Die in der Schale befindlichen Spuren von Kieselsäure werden mittels eines feuchten Filterstückchens entfernt und in das Filter der Kieselsäure gebracht. Das Filtrat wird in derselben Schale nochmals zur Trockne gebracht und in gleicher Weise wie oben behandelt. Nur bei Gegenwart von sehr viel Magnesium und Calcium ist es jetzt, vor der Salzsäurezugabe zweckmäßig, die Schale mit Inhalt etwa 15 Minuten auf einem Babotrichter auf 100° — nicht höher — zu erhitzen, um die Kieselsäure vollständig unlöslich zu machen. Jedes stärkere Erhitzen ist zu vermeiden.

Nach dem Abkühlen befeuchtet man wieder wie oben mit konzentrierter Salzsäure, läßt 10 Minuten stehen, versetzt mit 50—60 ccm kochendem Wasser und filtriert durch ein kleines Weißbandfilter. Die zweite Kieselsäure, die, wenn man richtig gearbeitet hat, meist nur wenige Milligramm[14]) beträgt, ist infolge von Beimengungen gewöhnlich etwas dunkler gefärbt, als die zuerst abgeschiedenen Anteile.

Nach dem Abfiltrieren und guten Auswaschen werden die beiden Filter in dem neuerlich geglühten und gewogenen

---

[14]) In Ausnahmefällen wird die Menge der zweiten Kieselsäure bis 1% betragen können.

Aufschlußtiegel, anfangs bedeckt, bei kleiner Flamme noch feucht verascht und schließlich im bedeckten Tiegel 20 bis 30 Minuten vor dem Gebläse bis zur Gewichtskonstanz geglüht. Nur so ist es möglich, der hygroskopischen Kieselsäure sämtliches Wasser zu entziehen. Der Tiegel ist bedeckt zu wägen, weil hochgeglühte Kieselsäure sehr leicht wieder Wasser anzieht.

Die auf diese Weise erhaltene Kieselsäure ist nie chemisch rein, sie enthält den größten Teil der Titansäure, ferner Phosphorpentoxyd, falls solches im Gestein vorhanden ist, etwas Tonerde und Eisenoxyd, Zirkonerde und Spuren von Barium-, Mangan-, Calcium- und Magnesiumoxyd.[15]) Man durchfeuchtet daher den kalten Tiegelinhalt mit etwa 10 bis 15 Tropfen Schwefelsäure (1:1)[16]), fügt etwa 5—10 ccm rückstandsfreie 40%ige Flußsäure[17]) hinzu und verdampft anfangs im Wasserbad, später im Flußsäureabzug mit kleiner Flamme, indem man den Tiegel auf eine dicke Asbestpappe oder in den Babotrichter stellt, bis keine Schwefelsäuredämpfe mehr entweichen. Den hinterbleibenden, meist durch Eisen etwas rötlich gefärbten Rückstand erhitzt man unter Zusatz von einem Körnchen NH_4CO_3 — zur möglichst vollständigen Entfernung der Schwefelsäure und Zersetzung der Sulfate — mit dem Bunsenbrenner erst gelinde und schließlich vor dem Gebläse bis zur Gewichtskonstanz. Das Gewicht des Rückstandes muß von dem Gewicht der Kieselsäure in Abzug gebracht werden. Die Differenz ist reine Kieselsäure.[18])

---

[15]) Dieser Rückstand kann in basischen Gesteinen bis 1% betragen; bei viel TiO_2 oder ZrO_2 ist der Rückstand milchigweiß gefärbt.

[16]) Um Titan zurückzuhalten, welches sonst als Titanfluorid mit verdampfen würde.

[17]) Zur Prüfung der Flußsäure verdampft man etwa 5 ccm derselben mit einigen Tropfen Schwefelsäure im Platintiegel zur Trockne; es darf kein wägbarer Glührückstand hinterbleiben.

[18]) Hiezu kommt allenfalls noch jene kleine Menge Kieselsäure, welche beim Soda-Boraxaufschluß der Sesquioxyde wieder gewonnen wird.

5. Ammoniakfällung.

Al_2O_3, Fe_2O_3, TiO_2, MnO, P_2O_5, ZrO_2, Ce_2O_3 und Y_2O_3[19]), Cr_2O_3.

Ist die Kieselsäure abgeraucht, so empfiehlt es sich, zunächst den Abrauchrückstand mittels wenig einer Mischung von Soda-Borax (10:2) aufzuschließen, die erkaltete Schmelze in angesäuertem Wasser zu lösen und die Lösung mit dem Filtrat von der Kieselsäure zu vereinigen. Auf diese Weise werden die bei der Kieselsäure verbliebenen kleinen Mengen TiO_2, Al_2O_3, Fe_2O_3, CaO, MgO, P_2O_5 und ZrO_2, die sonst verlorengehen würden, zur Weiterverarbeitung gebracht.

Die im folgenden beschriebene Methode bezieht sich auf Gesteine mit nicht mehr als 1% MnO. Die analytische Behandlung Mn-reicherer Gesteine siehe S. 27; beryllführende Gesteine werden nach S. 27 behandelt.

Die Filtrate der Kieselsäure werden auf etwa 250 ccm eingedampft, in einem großen 600-ccm-Becherglas zum Sieden erhitzt, von der Flamme hinweggenommen, zur Oxydation von $Fe^{\cdot\cdot}$ mit einigen Tropfen 3%igem Wasserstoffsuperoxyd oxydiert, je nachdem, ob es sich um ein saures oder basisches Gestein handelt, 3—4 g Ammonchlorid[20]) hinzugefügt und mit kohlensäurefreiem Ammoniak in ganz geringem Überschuß gefällt.[21]) Um zu prüfen, ob genügend Ammoniak vorhanden ist, darf die über der Flüssigkeit stehende Luft nur durch Fächeln mit der Hand, nicht durch Blasen mit dem Mund entfernt werden, weil der Kohlensäuregehalt der aus-

---

[19]) Als Vertreter der seltenen Erden.

[20]) Die Tonerdezahl wird bei Gegenwart großer Mengen Magnesia meist zu hoch bestimmt, besonders dann, wenn die Lösung nicht genügend Chlorammonsalze enthält.

[21]) Man arbeitet hier wie im folgenden am besten mit Tropfröhren und gibt einige Tropfen Ammoniak mehr, als notwendig, hinzu. Das Ammoniak prüfe man mit Bariumchlorid auf Kohlensäure! Sollte eine Trübung oder gar ein Niederschlag entstehen, so ist das Ammoniak nicht brauchbar. Ammoniak sollte nur in Jenaer Standflaschen aufbewahrt werden.

geatmeten Luft das Mitausfallen des Kalkes begünstigen könnte.

Die Umwandlung in das unlösliche Hydrogel erfolgt sehr rasch bei Gegenwart von genügend Ammonsalz. Unter keinen Umständen aber darf man die ammonsalzhaltige Lösung nach der Fällung kochen, weil dadurch die Flüssigkeit infolge der Hydrolyse der Ammonsalze sauer reagieren und merkliche Mengen des Aluminiumhydroxyds lösen würde. Aus diesem Grunde muß auch ein geringer Überschuß an Ammoniak vorhanden sein. Ein größerer Überschuß an Ammoniak ist aber entschieden schädlich, weil dadurch Tonerde wieder in Lösung geht.

Wichtig ist hiebei die quantitative Mitausfällung des Mangans! Dieselbe erfolgt, wenn nach dem normalen Gange gearbeitet wird, niemals vollständig bei den Sesquioxyden.

Die quantitative Ausfällung des Mangans gelingt hingegen — auch in kleinen Mengen — bei den Sesquioxyden immer, wenn man wie folgt, arbeitet: Nach Fällung der Sesquioxyde fügt man mittels einer Pipette noch weitere 10—12 Tropfen kohlensäurefreies Ammoniak hinzu und läßt in der Siedehitze aus einem Tropftrichter 20—25 ccm gesättigtes Bromwasser zufließen, wobei dafür gesorgt werden muß, daß die Lösung schwach alkalisch bleibt (Lackmus).

Nach unseren Erfahrungen enthalten die Niederschläge von Calciumoxyd und Magnesiumpyrophosphat unter diesen Umständen kein Mangan[22]), wenn der Gehalt an MnO nicht mehr als 0,5% beträgt.

Das in einer Sondereinwage bestimmte Mangan kann unter diesen Umständen quantitativ als Mn_3O_4 von der Summe der geglühten Sesquioxyde abgezogen werden.

---

[22]) Der Gehalt an MnO in Eruptivgesteinen beträgt durchschnittlich 0,2—0,5%. Ist der Mangangehalt 1% und mehr, so fallen hier Manganite der alkalischen Erden, wodurch Verluste entstehen. Der kolorimetrisch erhaltene Wert für MnO kann analytisch auf zweierlei Art in Rechnung gestellt werden. Man fällt die Sesquioxyde entweder **ohne Brom** und prüft die geglühten Niederschläge von Calciumoxyd (wenig Mangan)

Wenn man nicht auch Kupfer, Nickel, Kobalt und Zink zu bestimmen hat, ist die Ausfällung des Mangans mittels Brom der lästigen und unsauberen Ammonsulfidmethode bei weitem vorzuziehen.

Den entstandenen gelatinösen Niederschlag, welcher die obigen Oxyde — das Aluminium und Eisen zum Teil als Phosphat — samt etwas Kalk und Magnesia enthält, bringt man nach einigem Absitzen noch heiß sogleich auf ein bzw. zwei große, gut an den Trichtern anliegende Schwarzbandfilter von 11 bzw. $12^1/_2$ cm und wäscht mit einer heißen, $2^0/_0$igen Ammoniumchloridlösung zunächst fünf- bis sechsmal aus, wobei man die Niederschläge auf dem Boden der Filter sammelt.

Da dieser Niederschlag immer etwas Calcium, Magnesium und auch Alkalien mitzureißen pflegt, muß er sogleich nochmals gelöst und wieder gefällt werden. Zu diesem Zwecke spült man die Niederschläge mit dem feinen Strahl einer Spritzflasche quantitativ in das vorher benutzte Becherglas zurück, fügt in der Hitze einige Tropfen konzentrierter Salzsäure hinzu, verdünnt nach vollständiger Lösung der Hydroxyde auf etwa 250 ccm, oxydiert heiß mit einigen Tropfen Wasserstoffsuperoxyd bzw. gesättigten Bromwassers und fällt wie oben beschrieben ein zweites Mal.

Nach kurzem Absitzen filtriert man durch die bereits benutzten Filter.[23])

---

und Magnesiumpyrophosphat (viel Mangan) kolorimetrisch auf Mangan; der verbleibende Rest findet sich dann bei den Sesquioxyden und muß dort in Abzug gebracht werden, oder man arbeitet nach einem Vorschlage von H. S. Washington so, daß bei der Sesquioxydfällung mittels gesättigten Bromwassers das gesamte Mangan als MnO_2 mit ausgefällt wird. Größere Mengen Mangan machen sich hier durch eine dunkelbraune Färbung des Niederschlages sogleich bemerkbar. Es verbrauchen:

10 mg MnO . . . . 15 ccm gesättigtes Bromwasser.
50 mg MnO . . . . 40 ccm gesättigtes Bromwasser.

[23]) Bei sehr basischen Gesteinen, Peridotiten, gewissen Basalten, Tephriten, ist man allenfalls genötigt, die Fällung noch ein drittes Mal zu wiederholen.

Die Filtrate von der Ammoniakfällung, welche stets noch kleine Mengen Tonerde- und Eisenhydroxyd enthalten, werden auf ein kleines Volumen eingedampft, wobei man durch Zusatz einiger Tropfen Ammoniak für alkalische Reaktion sorgt. Allenfalls sich abscheidende Flocken von Hydroxyden werden auf einem kleinen Filter gesammelt und nach einigem Auswaschen mit der Hauptportion der Sesquioxydfällung vereinigt.

Die Niederschläge werden etwa 10—12mal, anfangs zur Verhinderung der Hydrolyse mit 2%iger Ammonchlorid-, zum Schluß mit 2% Ammonnitratlösung derart ausgewaschen, daß der Filterrand möglichst frei von Niederschlag wird; die Flüssigkeit wird möglichst ablaufen gelassen, die Filter werden in einem gewogenen und bedeckten Tiegel vorsichtig getrocknet, verascht und nach vollständiger Entfernung der kohligen Bestandteile vor dem Gebläse oder besser im elektrischen Ofen geglüht.[24])

Infolge der Beimengung der Filterasche ballt sich der Glührückstand nicht zu festen Klumpen zusammen, sondern bildet ein äußerst feines, bräunlich gefärbtes, lockeres und poröses Oxydgemenge, das alles Eisen in der höchsten Oxydationsstufe enthält und durch die folgende Behandlung in der Soda–Boraxschmelze leicht aufgeschlossen wird.

Nach dem Erkalten im Exsikkator wird so rasch als möglich gewogen. Das Gewicht des Tiegelinhaltes entspricht

---

[24]) Ist viel Tonerde vorhanden, so entwässert man zunächst auf einem Mekerbrenner etwa eine Stunde und glüht den Tiegel, halb bedeckt, unter häufigem Drehen bis zur Gewichtskonstanz vor dem Gebläse, wobei man durch gelindes Stoßen dafür sorgt, daß der Tiegelinhalt sich zu Boden setzt und auch wirklich der vollen Gebläsetemperatur ausgesetzt wird. Eine vollständige Entwässerung der hartnäckig Wasser zurückhaltenden Tonerde ist unbedingt notwendig, wenn nicht zu hohe Werte für dieses Oxyd resultieren sollen; bei viel Eisen und wenig Tonerde darf hingegen wegen der Flüchtigkeit des Eisenoxyds nicht solange geglüht werden; ist wenig Tonerde und viel Eisen vorhanden, so wird sehr bald Gewichtskonstanz erzielt.

der Summe: Al_2O_3, TiO_2, Fe_2O_3, TiO_2, Mn_3O_4[25]), P_2O_5, Cr_2O_3, ZrO_2, seltene Erdoxyde, V_2O_5 und allenfalls Spuren von SiO_2.

Von der Summe der Oxyde ist das Gewicht der Filterasche in Abzug zu bringen. Der Inhalt des Tiegels wird zur Bestimmung des Gesamteisens, der Titansäure sowie der allenfalls noch vorhandenen Spuren Kieselsäure, welche bei der Abscheidung der Kieselsäure in den Filtraten verblieben, mit Soda–Borax aufgeschlossen; alle übrigen Bestandteile werden in Sondereinwagen bestimmt und vom Gesamtgewicht der Sesquioxyde in Abzug gebracht. Die Tonerde ergibt sich aus der Differenz.

6. Trennung der Oxyde Al_2O_3, Fe_2O_3 und TiO_2.

Zur Trennung der Oxyde mischt man den geglühten Rückstand mit der zehnfachen Menge eines Gemisches von 10 Teilen wasserfreiem Natriumkarbonat und 2 Teilen wasserfreiem Borax[26]) im bedeckten Tiegel und erhitzt anfangs mit kleiner Flamme, später über dem Teclubrenner bis zum gleichmäßig klaren und vollständigen Fluß. Nach dem Erkalten der Schmelze bringt man zunächst den Deckel in ein 600 ccm fassendes Becherglas und löst die am Deckel haftende Sub-

---

[25]) Das Mangan als Gesamtmangan, wenn die Fällung mit Bromwasser erfolgte.

[26]) J. Jakob empfiehlt eine Soda–Boraxmischung etwa 3:1; nach unseren Erfahrungen ist ein zu großer Zusatz von Borax nicht zweckmäßig und es genügt das oben angegebene Mischungsverhältnis, bei welchem auch das so unangenehme Leidenfrostsche Phänomen unterbleibt. Ohne Borax bilden sich leicht kolloidale Suspensionen der beiden Hydroxyde, insbesondere der Titansäure, die der kolorimetrischen Bestimmung verlorengehen; um sie in Lösung zu halten und um die Bildung von Metatitansäure zu vermeiden, muß die Lösung mindestens 5% H_2SO_4 enthalten. Metatitansäure wird durch Wasserstoffsuperoxyd nicht gefärbt. Ist kein Titan vorhanden oder kann die Bestimmung des Titans übergangen werden, so löst man zur titrimetrischen Bestimmung des Eisens zweckmäßig gleich in Salzsäure (1:1) und nicht in Schwefelsäure.

stanz und hernach den Tiegelinhalt selbst in Wasser, das 5—10% Schwefelsäure enthält, wobei man gelinde auf etwa 60° C erwärmt. Ein Erwärmen auf höhere Temperatur ist nicht statthaft, weil sich infolge von Hydrolyse gern basisches Titansulfat abscheidet, das der Bestimmung verlorengehen könnte. Durch den Soda-Boraxaufschluß gehen Titansäure und Tonerde glatt in Lösung, was bei der Pyrosulfatschmelze nicht immer der Fall ist.

Man entfernt mittels eines Glasstabes Tiegel und Deckel aus dem Becherglas, spült beide gründlich ab und kontrolliert nach dem Glühen das Leergewicht des Tiegels. Bei starkem Eindampfen der Lösung scheiden sich hier mitunter noch kleine Flöckchen von restlicher Kieselsäure aus, die gesammelt, filtriert, geglüht und der Hauptmenge Kieselsäure hinzu addiert werden sollten. Das Gewicht dieser Kieselsäure beträgt meist noch 2—4 Milligramm.[27])

Die Lösung der Soda-Boraxschmelze wird nach dem Erkalten in einem Meßkolben mit soviel 3%igem Wasserstoffsuperoxyd versetzt, bis die durch Titan verursachte Färbung keine Vertiefung mehr erfährt, hierauf gründlich durchgemischt und je nach dem mutmaßlichen Titangehalt auf 100—500 ccm derart aufgefüllt, daß die Lösung mindestens 5% Schwefelsäure enthält und die Färbung genügend deutlich ist.

Die Vergleichslösung.

Die Vergleichslösung stellt man her, indem man 0,1 g eines gereinigten[28]) und ausgeglühten Titansäureanhydrid-

[27]) Immer empfiehlt sich eine Prüfung der mutmaßlichen Kieselsäure durch Abrauchen mit einigen Tropfen Fluß- und einem Tropfen Schwefelsäure.

[28]) Die Reinigung von allenfalls vorhandenen Alkalien erfolgt nach der Vorschrift von J. Jakob: Man schmilzt 0,5 g Titansäureanhydrid in einem Platintiegel mit der 10fachen Menge Soda-Borax (10 : 2) etwa 30 Minuten lang, laugt die Schmelze mit Wasser aus, versetzt zur vollständigen Lösung mit etwas konzentrierter Salzsäure und erwärmt nach Zusatz von 3 g Ammonchlorid gelinde auf etwa 60° C. Hierauf

präparates in einem bedeckten Platintiegel wie oben angegeben mit Soda–Borax schmilzt, die Schmelze in wenig Wasser, der man einige Tropfen konzentrierte Schwefelsäure zusetzt, löst und auf höchstens etwa 60° erwärmt. Nach dem vollständigen Lösen und Erkalten wird die Flüssigkeit in einem 100-ccm-Meßkölbchen aufbewahrt (1 ccm = der Lösung enthält 0,001 g TiO_2[29]); im Bedarfsfalle wird eine aliquote Menge (5—10 ccm) hievon tropfenweise mit 3%igem Wasserstoffsuperoxyd versetzt, bis sich der Farbenton nicht weiter vertieft, hierauf mit Schwefelsäure und Wasser verdünnt und derart auf ein bestimmtes Volumen aufgefüllt, daß die Lösung schließlich 5—10% Schwefelsäure enthält; die Vergleichslösung wird an einem dunklen Ort gut verschlossen und vor der reduzierenden Einwirkung der Laboratoriumsgase geschützt aufbewahrt. Der Inhalt der Lösung kann durch Ausfällen von 50 ccm derselben mit Ammoniak und Glühen des Niederschlages zu TiO_2 kontrolliert werden.

---

wird die Titansäure mit Ammoniak gefällt und der Niederschlag abfiltriert. Nach einigem Waschen wird das Titanhydroxyd vom Filter in das Becherglas zurückgespült, in Salzsäure gelöst und die Fällung und das Waschen mit Wasser wiederholt. Das nun alkalifreie Titanhydroxyd wird in einem Platintiegel über einer sehr kleinen Flamme getrocknet und verascht. Wenn alle Kohle verbrannt ist, wird zur Rotglut erhitzt und schließlich über dem Gebläse bis zur Gewichtskonstanz geglüht.

[29]) Die Vergleichslösung muß sehr sorgfältig hergestellt und ihr Gehalt an gelöster Substanz genau bekannt sein, da hievon die Genauigkeit der Resultate abhängt. Auch ist die Vergleichslösung stets nur in sehr gut schließenden Flaschen aufzubewahren. Die kolorimetrisch zu analysierende Lösung soll ferner annähernd gleiche Temperatur wie die Vergleichslösung besitzen; der Temperaturunterschied zwischen beiden Flüssigkeiten darf auf keinen Fall mehr als 30° betragen, da durch größere Temperaturschwankungen das Absorptionsspektrum und somit die Farbe der Lösung verändert wird.

Was die Empfindlichkeit der Reaktion betrifft, so geben 0,00005 g TiO_2 als Sulfat in 50 ccm Wasser gelöst, noch eine deutliche Gelbfärbung. Der Vergleich der Farbennuance von intensiv gefärbten Lösungen ist hingegen unsicher.

7. Die kolorimetrische Bestimmung des Titans.

Die kolorimetrische Bestimmung der Titansäure beruht auf der mehr oder weniger starken orangegelben Färbung, welche Wasserstoffsuperoxyd in einer sauren titanhaltigen Flüssigkeit hervorbringt:

$$Ti(SO_4)_2 + H_2O_2 + H_2O = TiO_3 + 2\,H_2SO_4.$$

Anwesenheit von Fluoriden, wie solche aus unreinem Wasserstoffsuperoxyd herrühren, beeinträchtigen schon in kleinen Mengen die Genauigkeit, ebenso müssen Chrom-, Vanadin- und Molybdänsäure[30]) abwesend sein, da diese gleichfalls mit Wasserstoffsuperoxyd Färbungen geben. Eisen stört in geringen Mengen nicht, bei höherem Eisengehalt bringt man eine entsprechende Korrektur bei der für die Titansäure erhaltenen Zahl an. Die färbende Wirkung von 0,1 g Fe_2O_3 in 100 ccm 5%iger schwefelsaurer Lösung entspricht 0,2 mg TiO_2; bei einer Einwage von 1 g Gestein würde die Korrektur bei 10% Fe_2O_3 nur 0,02% betragen, ein kaum in Betracht kommender Fehler!

Die zu untersuchende Lösung und die Normallösung müssen nun derart auf ein bestimmtes Volumen gebracht werden, daß der Farbenton beider Lösungen ungefähr der gleiche ist.

Zur Ausführung der eigentlichen Titanbestimmung verwendet man zweckmäßig das Kolorimeter von Dubosq oder Leitz, welches mit großem Vorteil auch zur Bestimmung von Eisen, Mangan und Chrom in der Mikroanalyse verwendet werden kann.[31])

---

[30]) Chrom, Vanadin und Molybdän sind indessen in meist so geringen Mengen vorhanden, daß ihr Einfluß praktisch nicht in Frage kommt.

[31]) Mit Hilfe des Kolorimeters von Dubosq wird die Lichtabsorption der zu prüfenden Lösung mit jener einer Vergleichslösung von bekanntem Titangehalt verglichen.

Zwei aneinander grenzende Flächen, die sogenannten Vergleichsfelder werden durch zwei Tauchröhren hindurch gleichmäßig beleuchtet und die Schichtdicke der einen Tauchröhre wird so lange geändert, bis die beiden Felder gleich hell und gleich gefärbt erscheinen.

Das Kolorimeter wird so aufgestellt, daß die beiden Teile des Gesichtsfeldes und zwar zunächst ohne Einschaltung der Lösungen gleich hell erscheinen. Erscheinen die beiden Teile verschieden hell beleuchtet, so ist die reflektierende Spiegelfläche oder Milchglasplatte vertikaler oder horizontaler zu stellen, sowie das ganze Instrument nötigenfalls nach rechts oder links zu verschieben, bis das Tages- oder das künstliche Licht derart in den Apparat fällt, daß beide Gesichtsfeldhälften gleich hell erscheinen. Jetzt ist der Apparat zur Messung bereit.

Die Bestimmung darf nur vorgenommen werden, wenn die zu untersuchende, wie die Vergleichslösung vollständig klar und durch keinerlei suspendierte Substanzen getrübt ist.

Man füllt die beiden Tauchzylinder des Kolorimeters, den rechten mit der zu prüfenden, den linken mit der Vergleichslösung, deren Farbenton man vorher durch Verdünnen auf ein bestimmtes Volumen (100, 200 oder 250 ccm) ungefähr auf den der zu prüfenden Lösung gebracht hat, und stellt den Zylinder mit der unbekannten Lösung mit Hilfe eines Nonius auf eine bestimmte Marke ein.

Nun wird der Zylinder, welcher die Vergleichslösung enthält, so weit verstellt, bis die Farbe in beiden Zylindern gleich ist, zur Kontrolle verschiebt man des öfteren den Zylinder, stellt von neuem ein und nimmt das arithmetische Mittel der abgelesenen Zahlen.

Die Gewichtsmenge der Titansäure der beiden Lösungen ist bei gleichem Volumen umgekehrt proportional der Schichtdicke und bei gleicher Schichtdicke direkt proportional dem Volumen, woraus sich ergibt

$$g : x = v : V \quad \text{und} \quad g : x = S : s$$

oder $x = \frac{g \cdot s \cdot V}{S \cdot v}$[32], das ist diejenige Gewichtsmenge Titan-

[32]) V = Volumen der zu prüfenden Lösung, v = Volumen der Vergleichslösung, S = Schichtdicke der zu prüfenden Lösung, s = Schichtdicke der Vergleichslösung, x = Gewichtsmenge Titansäure der zu prüfenden Lösung, g = Gewichtsmenge Titansäure in der Vergleichslösung.

säure, welche bei Anwendung von 1 g Gesteinspulver mit 100 multipliziert sofort die Prozente ergibt.

An Stelle des Kolorimeters von Dubosq oder Leitz kann, besonders bei schwachen Färbungen, auch das von W. F. Hillebrand beschriebene einfache Wellersche Kolorimeter[33]) gebraucht werden.

8. Gesamteisenbestimmung.

Die Ermittlung des Gesamteisens erfolgt sehr rasch und bequem nach der Methode von Zimmermann-Reinhardt auf maßanalytischem Wege.[34])

---

[33]) Dasselbe besteht aus einem länglichen, innen geschwärzten Pappkasten (Länge 35 cm, Höhe 13 cm, Breite 12 cm). Auf der einen Seite ist das Kolorimeter durch eine Glasplatte geschlossen, hinter welcher zwei aus planparallelen, weißen Glasplatten zusammengekittete Zylinder (die Kolorimeterzylinder) von genau gleichen Dimensionen (Höhe 12 cm, innere Weite 2,8 bzw. 3 cm) sich befinden; die in der Längsrichtung des Kastens liegenden Seiten der Zylinder sind zur Vermeidung von Reflexen geschwärzt. Hinter den Zylindern folgt eine geschwärzte Zwischenwand, welche längliche Ausschnitte besitzt, die etwas schmäler als die Glaszylinder sind. Ein zwischen dieser Wand und dem Zylinder beweglicher Schieber wird bei Ausführung der Bestimmungen jedesmal so weit emporgezogen, daß Licht nur durch die zu vergleichenden Lösungen hindurchgehen kann. Man füllt den einen Zylinder aus einer Bürette mit genau 10 ccm der obigen Vergleichslösung (1 ccm = 0,1 mg TiO_2) und läßt aus einer zweiten Bürette so viel Wasser zufließen, bis nach dem Umrühren die Farbe in beiden Zylindern gleich ist; zur Kontrolle fügt man dann nochmals 10 ccm der Lösung hinzu und hierauf wieder Wasser, bis wieder Farbengleichheit erreicht ist; beide Versuche müssen übereinstimmen.

Zu den 10 ccm Vergleichslösung mußten z. B. noch 15 ccm Wasser gegeben werden, um mit der zu untersuchenden, auf 250 ccm aufgefüllten Lösung gleiche Färbung zu erhalten; in den 10 ccm der ursprünglichen sowohl, wie in den 25 ccm der durch die 15 ccm Wasser verdünnten Vergleichslösung sind 1 mg TiO_2 enthalten, folglich in den 250 ccm der zu untersuchenden Lösung 10×1 mg = 10 mg TiO_2, das ist bei Anwendung von 1 g Gesteinspulver 1% TiO_2.

[34]) Die Methode beruht auf der leichten Reduzierbarkeit des Ferrichlorids durch Zinnchlorür in der Siedehitze:

$$SnCl_2 + 2FeCl_3 = SnCl_4 + 2FeCl_2 .$$

Die völlige Farblosigkeit der reduzierten Lösung zeigt den Endpunkt

Man vereinigt zunächst die Lösung, in welcher das Titan bestimmt wurde, quantitativ mit der Hauptmenge der im

---

der Reduktion an. Um ganz sicher zu sein, setzt man mittels Tropfröhre einen möglichst geringen Überschuß an Zinnchlorür zu und beseitigt ihn nachher durch Zusatz von etwas Mercurichloridlösung:

$$SnCl_2 + 2\,HgCl_2 = SnCl_4 + Hg_2Cl_2\,.$$

Hält man die erforderlichen Lösungen ständig im Vorrat, so dauert die Eisenbestimmung nur wenige Minuten und verwendet man zweckmäßig aliquote Mengen der auf ein bestimmtes Volumen aufgefüllten Lösung, so kann die Bestimmung ein zweites bzw. drittes Mal wiederholt werden, falls sie, wie das bei Anfängern vorkommt, das erstemal mißglückt.

Erforderliche Lösungen:

1. Eine für die Zwecke der Gesteinsanalyse geeignete Konzentration der Kaliumpermanganatlösung erhält man, wenn man ungefähr 3,2 g des Salzes in 1 Liter Wasser löst und in verschlossenem Zustande vor Licht, Staub und reduzierenden Gasen geschützt etwa eine Woche stehen läßt. Dadurch wird alle im Wasser vorhandene organische Substanz oxydiert. Die Lösung wird über Glaswolle oder ausgeglühten Asbest filtriert und nun der Titer gestellt. Die Konzentration der Lösung, etwa $^1/_{10}$ n, wird so gewählt, daß 1 ccm ungefähr 0,004 bis 0,005 g Fe_2O_3 entspricht. Die Titerstellung erfolgt nach Sörensen mittels Natriumoxalat, welches Salz leicht chemisch rein und trocken zu erhalten ist. Etwa 1 g des Salzes wird bei 110° bis zur Gewichtskonstanz getrocknet. Dreimal 0,25 g des erkalteten Salzes werden in Bechergläsern in je 200 ccm dest. Wassers gelöst, 10 cm Schwefelsäure 1:1 hinzugefügt, auf etwa 70° C erhitzt und mit der einzustellenden Lösung von Kaliumpermanganat titriert, bis ein Tropfen Permanganat eine deutliche Rosafärbung hervorruft. Nach der Gleichung

$$2\,KMnO_4 = 5\,Na_2C_2O_4 = 10\,Fe^{\cdot\cdot}$$

gilt die Beziehung:

$$5 \times 134 : 10 \times 55,85 = 0,25 : x\,.$$

Bezeichnen wir die Anzahl ccm mit a, so ist $x = \frac{2 \times 55,85 \times 0,25}{134\,a}$; 1 ccm enthält x g Eisen.

Ist die Permanganatlösung etwa $^1/_{10}$-normal, so werden zur Titerstellung ungefähr 35—36 ccm der Lösung verbraucht. Die erhaltenen Zahlen sollen in der vierten bis fünften Dezimale noch Übereinstimmung zeigen; dann kann das arithmetische Mittel derselben als richtiger Wert angenommen werden. Die rosa Farbe bleibt beim Hinzufügen der ersten Tropfen Permanganatlösung einige Zeit bestehen; ist aber einmal Ent-

Meßkolben befindlichen Flüssigkeit, mischt in einem Becherglas gut durch, stumpft mit Ammoniak so weit ab, daß gerade Solbildung eintritt und säuert sogleich wieder mit Schwefelsäure 1 : 1 ganz schwach an. Nun erhitzt man bis zum Verschwinden der Titanfärbung zum Sieden. Durch das Erhitzen der nur ganz schwach sauren Lösung auf Siedetemperatur, fällt infolge hydrolytischer Spaltung alle Titansäure als farblose Metatitansäure aus, die wegen ihrer Unlöslichkeit in allen Mineralsäuren bei der Bestimmung des Eisens nicht mitreduziert wird. Jetzt fällt man unter Zusatz von 1—2 g Ammonchlorid das Eisenhydroxyd und die Tonerde mit Ammoniak aus. Der Niederschlag wird zur Entfernung der Hauptmenge Schwefelsäure sogleich durch ein

---

färbung eingetreten, so verschwindet die Farbe des Kaliumpermanganates immer sehr rasch (Autokatalyse). Treten beim Titrieren braune Töne auf, so ist die Lösung zu wenig sauer und es müssen noch einige Tropfen Schwefelsäure hinzugefügt werden. Die Titer für Fe, FeO und Fe_2O_3 bzw. die Faktoren hiefür werden samt dem Datum der Titerstellung auf der Flasche vermerkt und nach zwei Monaten die Titerprüfung wiederholt. Meist hält sich die Lösung 8—10 Monate ohne wesentliche Veränderung. Die Werte der $^1/_{10}$-n. Kaliumpermanganatlösung für Fe, FeO und Fe_2O_3 entnimmt man am besten den Tabellen von F. Küster-A. Thiel, Logarithmische Rechentafeln, S. 37. 1929.

2. Zinnchlorürlösung: Man löst 16 g krist. Zinnchlorür in 60 ccm konzentrierter Salzsäure. Das Gemisch wird schwach erwärmt, bis sich alles gelöst hat und mit Wasser auf 250 ccm aufgefüllt. Die Lösung muß klar sein; andernfalls läßt man die Trübe absetzen und saugt die Lösung durch einen Glasfiltertiegel. Die Lösung läßt sich unter Fernhalten von Luftsauerstoff unverändert aufbewahren. Durch Zusatz einiger Körnchen metallischen Zinns (Fe-frei) wird die Lösung haltbar gemacht.

3. Mercurichloridlösung: Man sättigt Wasser mit dem reinsten käuflichen Salz (50 g $HgCl_2$ in 1 Liter Wasser).

4. Reinhardtsche Lösung: Man löst 67 g krist. Mangansulfat ($MnSO_4 \cdot 4H_2O$) in 500—600 ccm Wasser, fügt 138 ccm Phosphorsäure von der Dichte 1,7 und 130 ccm konzentrierte Schwefelsäure von der Dichte 1,82 hinzu und verdünnt mit Wasser zu 1 Liter. Manganosulfat verhindert die schädliche Einwirkung von Kaliumpermanganat auf Salzsäure, Phosphorsäure hellt die gelbe Farbe des Eisenchlorids wieder auf und ermöglicht die scharfe Erkennung des Farbenumschlages, indem sie das Ferrieisen komplex bindet.

grobporiges gehärtetes Filter[35]) oder besser durch einen Jenaer Glasfiltertiegel filtriert, nach kurzem Auswaschen[36]) mit 2% Ammonchlorid mittels Salzsäure in das vorher benutzte Becherglas zurückgelöst und zur titrimetrischen Eisenbestimmung auf ein möglichst kleines Volumen von etwa 20 bis 30 ccm eingedampft. Man erhält längere Zeit am Siedepunkt, wodurch die Salzsäure gerade die richtige Konzentration (HCl 1:1, etwa 20%ig) erhält. Nun wird die Flüssigkeit mittels Tropfröhre mit so viel Zinnchlorür versetzt, daß die Farbe des gelben $Fe^{\cdots}$-Ions eben umschlägt, was nur bei Siedehitze schnell genug geschieht. Man wartet nach jedem Zutropfen einige Sekunden und setzt nach Verschwinden der Farbe höchstens 1—2 weitere Tropfen des Reagens hinzu, verdünnt mit kaltem, ausgekochtem Wasser auf etwa 200 ccm und läßt nach dem vollständigen Erkalten mittels einer Tropfröhre 2—3 ccm kaltgesättigte Quecksilberchloridlösung zufließen, um allenfalls vorhandenes, überschüssiges Zinnchlorür zu zerstören, wobei nur eine geringe seidenartige Fällung von Hg_2Cl_2, hingegen keine weiße oder gar eine rasch grau werdende Fällung eintreten darf.[37])

Den Inhalt des Becherglases spült man quantitativ in eine große, etwa 2 Liter fassende weiße Porzellanschale, verdünnt auf etwa 1 Liter, versetzt mit etwa 25 ccm Mangansulfat-Phosphorsäurelösung nach Reinhardt und titriert mit $^1/_{10}$-n Kaliumpermanganat auf die erste, etwa durch 15 Sekunden bleibende Rotfärbung, wobei man die Lösung zunächst in dünnem Strahle und erst gegen Beendigung der Titration tropfenweise zufließen läßt.

---

[35]) Um zu vermeiden, daß Filterfasern in die zu titrierende Lösung gelangen.

[36]) Auf ein sorgfältiges Auswaschen braucht hier nur bei Gegenwart von viel Chrom Rücksicht genommen zu werden.

[37]) In der Wärme geschieht dies immer! Aber auch ein gänzliches Ausbleiben der seidenartigen Fällung deutet auf ein Mißlingen des Reduktionsvorganges, weil in diesem Falle zu wenig Zinnchlorür zugesetzt wurde und das $Fe^{\cdots}$ nicht quantitativ zu $Fe^{\cdot\cdot}$ reduziert wurde.

Ist man sich bewußt, mit dem Zusatz an Zinnchlorür über das Maß des Erlaubten hinausgegangen zu sein, oder ist man unsicher, wie die Reduktion ausgefallen ist, so kann man sich noch vor dem Zusatz von $HgCl_2$ in der Weise helfen, daß man zur Lösung einige Tropfen einer stark verdünnten Wasserstoffsuperoxydlösung zusetzt, bis die Eisenlösung eben wieder schwach gelb zu werden beginnt. Die Entfärbung kann dann abermals mit der vorerwähnten Zinnchlorürlösung unter entsprechender Vorsicht wiederholt werden.[38])

9. Trennung größerer Mengen Mangan von Eisen und Tonerde.

Zur Abtrennung größerer Mengen Mangan (mehr als 1% MnO) von Eisenoxyd und Tonerde ist es unerläßlich, die Azetatmethode anzuwenden, welche allerdings nur in den Händen eines geübten Analytikers sichere und verläßliche Resultate gibt.

---

[38]) An Stelle das Eisen mittels Zinnchlorür zu reduzieren, kann dasselbe auch durch Schwefelwasserstoff in die zweiwertige Form gebracht werden: Die Lösung der Soda–Boraxschmelze, welche 2,5% Schwefelsäure enthalten soll, wird in einem größeren Erlenmeyerkolben (300 ccm) bei Wasserbadtemperatur mit Schwefelwasserstoff gesättigt. Das Eisen wird unter Schwefel- und allenfalls Platinsulfidabscheidung reduziert. Die durch schnelles Filtrieren geklärte Lösung wird in einem $^1/_2$-Liter-Kolben kurze Zeit mit Schwefelwasserstoff nachbehandelt, einige Tropfen hievon mittels Kaliumrhodanid auf $Fe^{\cdots}$ geprüft und kochend durch einen luft- und schwefelwasserstoffreien ($CuSO_4$-Waschflasche) Kohlensäurestrom von Schwefelwasserstoff befreit; die Waschflasche der Kohlensäurezuführung muß selbstverständlich schon vor Beginn des Einleitens mit Kohlensäure gefüllt, also luftfrei sein. Wenn sich im Kolbenhalse kein Schwefelwasserstoff mehr mit Bleipapier nachweisen läßt, titriert man das Eisen wie oben angegeben. Schwefelwasserstoff hat im Gegensatz zur schwefeligen Säure den Vorteil, daß vierwertiges Titan nicht mitreduziert wird und daß dieses Gas verhältnismäßig leicht und vollständig ausgetrieben werden kann. Die titrierte Lösung kann, falls sie klar ist, nach Hinzufügen von 10 ccm konzentrierter Schwefelsäure und 1—2 ccm Wasserstoffsuperoxyd sofort für die kolorimetrische Titanbestimmung verwendet werden. Nach unseren Erfahrungen sind aber die so erhaltenen Werte für das Eisenoxyd immer etwas zu hoch.

Diese altbewährte Methode gründet sich darauf, daß Ferri-, Aluminium- und Titanazetat in der Hitze hydrolytisch in Essigsäure und basische unlösliche Azetate zerlegt werden, während die Azetate der zweiwertigen Metalle (Mangan, Nickel und Kobalt) unzerlegt in Lösung bleiben.

Die richtige Ausführung der Methode ist folgende: Das salzsaure Filtrat der Kieselsäure plus der Lösung der Soda–Boraxschmelze des Kieselsäurerückstandes werden auf dem Wasserbad in einer größeren Porzellanschale nach Zusatz von 1 g Ammoniumchlorid zur Trockne verdampft, bis alle freie Salzsäure entfernt ist und der Rückstand eine dunkelbraune Farbe und ein schön kristallines Aussehen angenommen hat. Die ganz schwach saure Lösung der Chloride wird mit möglichst wenig Wasser in ein geräumiges Becherglas gespült und in der Kälte mittels Tropfröhre mit etwas Natriumkarbonatlösung versetzt, bis gerade eine bleibende Opaleszenz entsteht; hierauf fügt man einige Tropfen verdünnter Salzsäure gerade bis zum Verschwinden der Trübung hinzu — die Flüssigkeitsmenge soll jetzt nicht mehr als 50—60 ccm betragen und eine blutrote Farbe besitzen — und hierauf für je 0,2 g Eisen und Aluminium, deren Menge man durch Überschlag ungefähr berechnet, 2 g festes Natrium- oder Ammoniumazetat. Inzwischen hat man etwa 500 ccm Wasser zum Sieden erhitzt; man gießt hievon in einem Guß und immer siedendheiß so lange zu, bis eine plötzlich auftretende Verfärbung und Trübung die Fällung des Eisen- und Aluminiumazetats anzeigt. Man erhitzt noch 1 Minute zum Sieden — nicht länger, sonst wird der Niederschlag schleimig und läßt sich schlecht filtrieren —, läßt den Niederschlag absitzen und filtriert sofort durch 2 Schwarzbandfilter entsprechender Größe. Man wäscht etwa dreimal durch Dekantation mit ammoniumazetathaltigem Wasser, löst auf dem Filter mit möglichst wenig warmer Salzsäure (1:1) und wiederholt die Operation nur, wenn die Trennung der zwei- von den dreiwertigen Metallen das erstemal nicht völlig quantitativ erfolgt sein sollte. Die basischen

Azetate werden in Salzsäure gelöst und die Fällung mit Ammoniak wiederholt. Die vereinigten Filtrate werden stark eingedampft und die sich hiebei abscheidenden Flöckchen Eisen- und Aluminiumoxydhydrat mit der Hauptmenge vereinigt. Der Niederschlag wird nach S. 15 weiter verarbeitet.

Es ist wichtig, zu erwähnen, daß diese Methode bei einem Überschuß an Tonerde gegenüber Eisenoxyd nicht anwendbar ist, weil dann stets beträchtliche Mengen Tonerde in das Filtrat gehen. Man ist in diesem Falle, um die Trennung quantitativ zu machen, genötigt, der Lösung der Chloride noch vor dem Zusatz des Natriumkarbonats etwas einer konzentrierten manganfreien Eisenchloridlösung zuzusetzen, bis der eingedampfte Rückstand die bekannte rostbraune Farbe angenommen hat. Selbstredend muß dann die Eisenbestimmung des Gesteines in einer gesonderten Einwage erfolgen.

Gelangt durch fehlerhafte Ausführung der Operation etwas Aluminium in das Filtrat, so hat man dieses vor der Fällung des Mangans mittels Ammoniumsulfids stark einzudampfen, um so die letzten Reste der Tonerde wiederzugewinnen. Ein hier gemachter Fehler erhöht wesentlich die Zahl für MnO und erniedrigt die Zahl der Tonerde.

Nach Abtrennung des Mangans von Calcium und Magnesium durch frisch bereitetes Ammoniumsulfid[39]) wird das Mangansulfid in bekannter Weise in Salzsäure gelöst und als Phosphat zur Fällung gebracht:

$$Mn_2P_2O_7 \cdot 0{,}500 = MnO \quad \text{bzw.} \quad Mn_2P_2O_7 \cdot 0{,}556 = Mn_2O_3.$$

Das Filtrat vom Mangansulfidniederschlag wird auf Ca und Mg, wie auf S. 28 beschrieben, weiter verarbeitet.

---

[39]) W. D. Treadwell, Kurzes Lehrbuch der analyt. Chemie. II, 106 und 123, 1927. In Meteoritenanalysen fallen hier nebst dem Mangan auch Nickel und Kobalt; man ermittelt die Summe beider durch Elektrolyse und fällt in der salpetersauren Lösung das Nickel mittels Dimethylglyoxim.

10. Trennung der Beryllerde von der Tonerde.

Obgleich der durchschnittliche Gehalt an Beryllerde in Gesteinen nach V. M. Goldschmidt nur 0,001—0,0001% beträgt, so kann die Ermittlung des Berylliums in beryllführenden Graniten bzw. Pegmatiten, sowie ihre Bestimmung in gewissen Nephelinsyeniten zuweilen notwendig und erwünscht werden.

Immer handelt es sich hiebei um die Abtrennung sehr kleiner Mengen Beryllerde von großen Mengen Tonerde, wofür sich am besten das ortho-Oxychinolin, kurz „Oxin“[40]), eignet.

Das Filtrat von der Kieselsäure im Hauptaufschluß wird wie gewöhnlich zweimal mit Ammoniak gefällt, der Niederschlag mittels Essigsäure wieder in Lösung gebracht und unter gutem Umrühren ein Überschuß einer 2%igen Oxychinolinlösung zugesetzt.

Hierauf fügt man soviel von einer 2n-Ammonazetatlösung hinzu, bis ein bleibender Niederschlag entsteht, setzt noch weiter 20—25 ccm von der Ammonazetatlösung zu, filtriert den entstandenen Niederschlag nach kurzem Absitzen durch einen Filtertiegel und wäscht ihn mit heißem Wasser so lange aus, bis das Filtrat farblos ist. Auf diese Weise werden die Chinolate von Aluminium und Eisen von dem in der Lösung verbliebenen Beryllium getrennt. Die Fällung wird im Platintiegel verascht und unter Zusatz von Oxalsäure vorsichtig geglüht. Das Glühprodukt wird gewogen, mit Soda–Borax aufgeschlossen und das Eisen oxydimetrisch bestimmt. Allenfalls vorhandenes Mangan geht hiebei mit dem Beryllium in das Filtrat. Das Beryllium im Filtrat von der Oxinfällung wird durch einen geringen Überschuß von Ammoniumnitrit gefällt. Der Niederschlag

[40]) M. Niessner, Z. f. analyt. Chem. 76, 135, 1929. — L. Fresenius und M. Frommes, Z. f. anal. Chem. 87, 273, 1932. — E. Dittler und F. Kirnbauer, Z. f. prakt. Geol. 39, 49, 1931. 5 g o-Oxychinolin werden in 100 ccm 2 n-Essigsäure gelöst; 20 ccm der Lösung entsprechen etwa 0,05 g Al_2O_3 bzw. 0,08 g Fe_2O_3.

wird filtriert, mit ammonnitrathaltigem Wasser, dem man so viel Ammoniak zugesetzt hat, daß es gegen Phenolphthalein gerade alkalisch reagiert, ausgewaschen, getrocknet, verascht und mit etwas Fluß- und Schwefelsäure abgeraucht. Das verbleibende Berylliumsulfat wird entweder bis zur Zersetzung zu BeO vorsichtig stärker erhitzt und im elektrischen Ofen bei etwa 1000° bis zum konstanten Gewicht geglüht oder durch Erhitzen auf höchstens 400° C als $BeSO_4 \cdot 4H_2OH$ ausgewogen.

In zweifelhaften Fällen ist es notwendig, das geglühte Produkt spektralanalytisch zu prüfen. Die empfindlichste Linie des Berylliums ist die Linie 3131,1 ÅE., die sich in Aufnahmen mit dem Quarzspektrographen unschwer erkennen läßt und ein unbedingt beweisendes Dokument liefert.

11. Calciumoxyd.

Im Filtrat von den Sesquioxyden bzw. vom Berylliumhydroxyd wird das Calcium, Magnesium und allenfalls das Mangan wie gewöhnlich bestimmt.

Für die Fällung der Erdalkalien und des Magnesiums ist eine überreichliche Anwesenheit von Ammonsalzen schädlich.[41]) Wir befreien daher grundsätzlich das Filtrat der Sesquioxydfällung, welches nur noch Calcium, Magnesium, allenfalls Mangan und viel Ammonsalze enthält, von der Hauptmenge dieser Salze.

Man säuert das Filtrat von den Sesquioxyden in einem geräumigen Becherglase mit Salzsäure schwach an, dampft am Wasserbad bis zur Salzabscheidung stark ein, bedeckt mit einem Uhrglas und fügt nun 25—30 ccm konzentrierte Salpetersäure hinzu; nach Beendigung der lebhaften Chlorentwicklung dampft man zur vollständigen Trockne, befeuchtet jetzt mit einigen ccm Salzsäure und dampft nochmals ein, um die letzten Reste der Salpetersäure zu verjagen. So gewinnt man eine Lösung, die zur

[41]) Die Lösung soll höchstens 2—3 g Ammonsalze enthalten.

Fällung der Erdalkalien und später der Magnesia gut brauchbar ist.[42])

Das aluminium- und eisenfreie Filtrat, das nun genügend frei von Ammonsalzen ist, wird mit heißem Wasser auf etwa 200 ccm[43]) verdünnt, zum Sieden erhitzt, nach Zusatz einiger Tropfen Methylrot ganz schwach ammoniakalisch gemacht und mit einer frisch bereiteten, siedend heiß gemachten Lösung von Ammonoxalat gefällt.[44])

Bei geringem Kalkgehalt bleibt die Lösung anfangs klar und scheidet allmählich erst das Calciumoxalat ab. Dasselbe wird absitzen gelassen und die darüberstehende klare Flüssigkeit mit einem Tropfen Ammonoxalat geprüft, ob alles ausgefällt ist. Wenn dies der Fall ist, läßt man abkühlen und filtriert nach etwa 12 Stunden Stehens durch ein Weißbandfilter. Kleinere Mengen Calciumoxalat, entsprechend 1—2% CaO, werden zur Auswage direkt in das Oxyd übergeführt. Größere Mengen Calciumoxalat müssen, besonders bei hohem Magnesiumgehalte der Gesteinsprobe und, um die restlichen Alkalien zu entfernen, nochmals in heißer Salzsäure 1:1 gelöst und ein zweites Mal gefällt werden. Der Niederschlag wird erst durch Dekantieren mit 1%iger heißer Ammonoxalatlösung einige Male ausgewaschen, hierauf vom Filter

---

[42]) Ein Abrauchen in der Platinschale, etwa wie bei den Alkalien ist hier wegen der Hygroskopizität der reichlich vorhandenen Magnesiasalze nicht möglich.

[43]) Die Neigung zur Übersättigung des Calciumoxalates ist zwar nicht so groß wie die des Magnesiumoxalates, immerhin können, wenn das Volumen der Lösung groß ist, kleine Mengen Calcium in Lösung bleiben und nicht zur Fällung kommen! Bei sehr wenig Calcium hat man daher unbedingt darauf zu achten, daß die Lösung vor der Weiterverarbeitung längere Zeit stehenbleibt!

[44]) Das Barium wird in einer einigermaßen verdünnten Lösung durch Ammonoxalat nicht gefällt und kann seiner geringen Menge wegen auch in den eingedampften Filtraten des Calciumoxalates, etwa durch Zusatz von verdünnter Schwefelsäure nicht bestimmt werden. Es wird vielmehr als Bariumsulfat in einer eigenen Einwage zusammen mit dem Gesamtschwefel, Zirkonium usw. ermittelt (siehe S. 59).

gespült und der auf dem Filter befindliche Rest samt dem Niederschlag im Becherglas in Salzsäure gelöst.

Die salzsaure Lösung des Calciumoxalates (200—300 ccm) wird wie oben erhitzt, diesmal aber nur mit wenigen Tropfen der Ammonoxalatlösung versetzt und das Calcium durch vorsichtigen Zusatz von Ammoniak von neuem ausgefällt. Nach 6—12stündigem Stehen, je nach der Menge des Niederschlages und nach gründlichem Auswaschen der Chloride mit heißer 1%iger Ammonoxalatlösung kann filtriert werden.

Die zweite Fällung des Calciumoxalates ist gewöhnlich frei von Magnesium- und Alkalisalzen.

Der Niederschlag wird im Trockenschrank erwärmt, bis derselbe fast trocken ist, hierauf noch feucht im Platintiegel verascht, getrocknet und geglüht. Hierbei muß man sehr sorgfältig verfahren, damit nicht durch zu rasche Entwicklung von Kohlenmonoxyd Verluste entstehen! Nachdem das Filter verbrannt ist, bedeckt man den Tiegel und erhitzt kräftig, zuerst über dem Teclu- oder Mekerbrenner und schließlich 20 Minuten vor dem Gebläse.

Man stellt den Tiegel noch recht warm in den Exsikkator neben ein offenes Wägegläschen und läßt darin eine Stunde stehen. Beim Abkühlen strömt die Luft von außen durch ein U-Rohr, dessen äußere Hälfte mit Natronkalk und dessen innere Hälfte mit Chlorcalcium gefüllt ist, kohlensäurefrei und trocken in den Exsikkator. Nach dem Abkühlen stellt man den Tiegel in das Wägegläschen, bedeckt rasch, läßt ½ Stunde neben der Wage an der Luft stehen und wägt. Nun glüht man den Tiegel nochmals 10 Minuten vor dem Gebläse, läßt in genau derselben Weise, wie eben geschildert, erkalten und wägt nochmals. Sollte das Gewicht nicht konstant sein, so muß das Glühen usw. wiederholt werden. Verfährt man genau nach dieser Vorschrift, so wird das Gewicht, wenn nicht über 1 g CaO gewogen wird, meistens nach dem zweiten Glühen konstant sein.

Zur Bestimmung des im Calciumoxyd allenfalls vorhandenen Mangans (Mn_3O_4) löst man den geglühten Niederschlag in verdünnter Salpetersäure und bestimmt dasselbe kolorimetrisch. Der Mangangehalt des geglühten Niederschlages kann immerhin einige Zehntelprozente betragen, wenn das Mangan bei den Sesquioxyden nicht durch Brom gefällt wurde. Fast immer enthält das Calciumoxyd auch einige Milligramme SrO und muß das Gewicht des geglühten Niederschlags in bezug auf dieses korrigiert werden. Dagegen enthält das Calciumoxalat nach zweimaliger Fällung fast niemals BaO.

12. Strontium- und Bariumoxyd und ihre Trennung von Calciumoxyd.

Das Strontium wird gemeinsam mit dem Calcium als Oxalat gefällt, wenn die Fällung des Kalkes nicht in sehr verdünnter Lösung erfolgt. Beide Metalle werden als Oxyde ausgewogen und nach Überführung in die Nitrate das ätheralkoholunlösliche Strontiumnitrat vom äther-alkohollöslichen Calciumnitrat nach bekannter Methode getrennt.

Den geglühten und gewogenen strontiumhaltigen CaO-Niederschlag gibt man zu diesem Zweck in ein Erlenmeyerkölbchen von 20 ccm Inhalt, löst ihn darin in wenig Salpetersäure, dampft ein und trocknet das Kölbchen mit Inhalt etwa 1—2 Stunden bei 150—160°, unter stetem Durchsaugen warmer Luft. Den Rückstand versetzt man mit einigen ccm absoluten (über Kalk destillierten) Alkohol[45]), schüttelt einige Male kräftig und fügt die gleiche Menge vollkommen absoluten (über Chlorcalcium destillierten) Äther hinzu, filtriert nach einigen Stunden Stehens (eventuell erst am nächsten Tage) durch ein kleines Filter und wäscht mit Ätheralkohol nach. Das auf dem Filter zurückbleibende Strontiumnitrat verascht man im Platintiegel, glüht und wägt es als Oxyd (SrO). Zur Prüfung auf Reinheit ist es spektroskopisch zu untersuchen.

Das Barium, das in bezug auf die Löslichkeit seines Oxalats dem Magnesium näher steht, geht bei der Oxalat-

[45]) Die Methode erfordert völlig wasserfreien Alkohol und Äther.

fällung mit diesem in das Filtrat; nur bei großen, in Gesteinen selten anzutreffenden Mengen findet sich etwas davon im Oxalatniederschlag und wird dann nach A. Skrabal und L. Neustadtl[46]) als Chromat getrennt.

Angesichts des Umstandes, daß es sich in der Gesteinsanalyse fast stets um die Abtrennung sehr kleiner Strontium- von großen Calcium- und allenfalls kleinen Bariummengen handelt, hat W. Noll[47]) an Stelle der unsicheren Äther–Alkoholtrennung die Salpetersäuremethode von S. G. Rawson[48]) für die Zwecke der Mineralanalyse ausgearbeitet. Diese Methode beruht auf der Löslichkeit des Calcium- und der Schwerlöslichkeit des Strontiumnitrates in rauchender Salpetersäure von der Dichte 1,46.[49]) Die ausgewogenen Oxyde der Erdalkalien werden zunächst wie beim Äther–Alkoholverfahren in Nitrate übergeführt und bei 160° getrocknet. Die Nitrate werden sodann mit je 30 ccm Salpetersäure von der Dichte 1,46 unter sorgfältiger Zerkleinerung der gröberen Salzteilchen längere Zeit digeriert und der Rückstand in einen Porzellanfiltertiegel gebracht. Der unlösliche Rückstand wird mit Säure derselben Konzentration 6—7mal gewaschen, bis das Gewicht des Filtertiegels nach dem Trocknen bei 160° konstant geworden ist. Nach Beendigung des Waschens wird der Tiegel gewogen, das Strontiumnitrat in heißem Wasser gelöst und das Leergewicht des Tiegels bestimmt: $Sr(NO_3)_2 \cdot 0{,}48963 = SrO$.

Das Gewicht des Strontiumoxyds wird von der Summe der Gewichte des Calcium- und Strontiumoxyds in Abrechnung gebracht.

---

[46]) A. Skrabal und W. Neustadtl, Z. analyt. Chem. **44**, 742, 1905.

[47]) W. Noll, Z. anorg. u. allgem. Chem. **199**, 193, 1931.

[48]) S. G. Rawson, Journ. Soc. Chem. Ind. **16**, 113, 1897.

[49]) Durch Mischen von konz. Salpetersäure D 1.40 mit roter rauchender Säure D 1.54 erhalten. In Salpetersäure geringerer Dichte löst sich nämlich auch das Strontiumnitrat glatt auf. Restliches Bariumnitrat ist ähnlich schwer löslich wie Strontiumnitrat und verbleibt quantitativ bei dem Rückstand. In diesem Fall kann das Barium durch doppelte Chromatfällung vom Strontium getrennt und bestimmt werden.

13. Magnesiumoxyd.

Das Magnesium wird in den auf etwa 150 ccm eingedampften Filtraten als Ammonium–Magnesiumphosphat $MgNH_4PO_4 \cdot 6H_2O$ gefällt und die Wägung als Magnesiumpyrophosphat ausgeführt: $Mg_2P_2O_7$.

Die Fällung muß bei Gegenwart von Ammonsalzen vorgenommen werden, doch darf die Menge dieser nicht mehr als 2—3 g betragen (s. S. 28). Die Niederschläge reißen ferner gerne das Fällungsmittel mit, was man dadurch verhindert, daß man einen Überschuß freien Ammoniaks während der Fällung vermeidet, indem man dieses Reagens langsam zu der sauren Lösung zutropfen läßt. Nach beendeter Ausscheidung kann aber reichlich Ammoniak hinzugesetzt werden.

Man arbeitet zweckmäßig folgend: Die salzsaure, ammonsalzhaltige Lösung wird mit 2 g Dinatrium- oder Diammoniumphosphat und mit 1—2 Tropfen Phenolphthalein versetzt und zum Sieden erhitzt. Unter ständigem Rühren wird aus einer Tropfröhre langsam 10%iges Ammoniak (3 Teile Wasser, 2 Teile 25%iges Ammoniak) zufließen gelassen, bis eben eine Trübung auftritt. Nun wird die Ammoniakzugabe unterbrochen und ohne Berührung der Wandung gerührt, bis die Abscheidung in einer halben Minute kristallinisch geworden ist, was nur bei Gegenwart von Ammonsalzen der Fall sein wird. Dann wird unter ständigem Rühren weiter Ammoniak bis zur bleibenden Rotfärbung zutropfen gelassen. Durch einige Tropfen verdünnter Salzsäure, die man am Glasstab herabrinnen läßt, löst man den an ihm haftenden Niederschlag und färbt durch zutropfendes Ammoniak und Rühren wieder rot. So wird ein Festsitzen des Niederschlages am Glasstab verhindert. Nun erst gibt man $^1/_5$ des Volumens der Flüssigkeitsmenge an 10%igem Ammoniak hinzu, läßt absitzen, prüft auf Vollständigkeit der Fällung mit einem Tropfen Natriumphosphat und läßt erkalten. Nach vierstündigem Stehen filtriert man am besten durch einen Platin-Goochtiegel mit Neubauerschem Platinfilter, wäscht mit $2^1/_2$%igem Ammoniak aus, bis das ablaufende Filtrat nach dem Ansäuern mit Salpetersäure mit Silbernitrat keine Chlorreaktion mehr gibt.[50]) Man steigere die Temperatur des elektrischen Ofens nur sehr langsam, weil das entweichende Ammoniak auf das glühende Phosphat Reduktionswirkung ausübt und erhitze nicht höher als bis 900°.

Ist man nicht im Besitz eines Platin-Goochtiegels, so filtriert man das Magnesiumammoniumphosphat durch ein kleines Filter (Weißband), wäscht mit $2^1/_2$%igem Ammoniak vollständig aus, trocknet bei 90°, bringt soviel als möglich von dem sandigen Niederschlag in einen gewogenen Platintiegel, äschert das Filter in der Platinspirale für sich ein, fügt die Asche zu der Hauptmasse im Tiegel und erhitzt zuerst bedeckt über kleinem Flämmchen, bis kein Wasserdampf und Ammoniak mehr entwickelt wird; dann steigert man die Hitze, glüht schließlich über dem Mekerbrenner bis zum Weißwerden des Niederschlages und wägt nach dem Erkalten im Exsikkator.[51])

Verfährt man bei der Fällung nicht genau wie angegeben, so entstehen je nach den Fällungsbedingungen magnesiumreichere bzw. -ärmere Niederschläge und der Glührückstand hat dann nicht die gewünschte Zusammensetzung $Mg_2P_2O_7$; häufig enthält er Magnesiummetaphosphat $Mg(PO_3)_2$, wodurch die Zahl für Magnesium zu hoch wird. Bei viel Magnesium ist es daher am besten, die erste Fällung in möglichst wenig verdünnter Salzsäure zu lösen und nach Zugabe einiger Tropfen Fällungsmittel durch tropfenweise Zugabe von Ammoniak wieder auszufällen.[52])

---

[50]) In $2^1/_2$%igem Ammoniak ist der Niederschlag praktisch unlöslich, ziemlich löslich aber in reinem Wasser.

[51]) Bei Verwendung eines Papierfilters, das nicht sorgfältigst und völlig verascht oder das zu rasch erhitzt wurde, brennt das Magnesiumpyrophosphat oft nicht rein weiß; ein Befeuchten mit konzentrierter Salpetersäure oder Ammonnitrat ändert daran nicht viel. Diese Spuren unverbrannter Kohle haben aber keinen wesentlichen Einfluß auf die Zusammensetzung des Niederschlages.

[52]) Das heute für die Magnesiafällung schon so weit verbreitete Oxychinolinverfahren wurde aus dem Grunde noch nicht in dieses Büch-

Das geglühte und gewogene $Mg_2P_2O_7$ ist, falls das Mangan nicht mit Brom gefällt wurde (S. 12), durch $Mn_2P_2O_7$ verunreinigt. Man löst daher den Glührückstand in Salpetersäure 1:1, oxydiert die Lösung in einem Meßkölbchen mit 3—4 ccm einer 1%igen Silbernitratlösung und einem halben Gramm Ammonpersulfat, füllt auf 100 ccm auf und kolorisiert.

Das Gewicht von $Mn_2P_2O_7$ ergibt sich aus dem Gewichte von MnO einfach durch Multiplikation mit 2. Nach Subtraktion des Gewichtes $Mn_2P_2O_7$ von dem Gesamtgewichte der beiden Phosphate erhält man das Gewicht für MgO durch Multiplikation mit dem Faktor 0,3621.

14. Bestimmung der Alkalien.

Die beste Methode zur Bestimmung der Alkalien ist die Methode von J. L. Smith, welche den großen Vorteil besitzt, daß das gesamte Magnesium gleichzeitig mit den übrigen Basen und der Kieselsäure unlöslich abgeschieden wird und die Alkalien in Wasser löslich gemacht werden.

Die Methode besteht darin, daß man das sehr fein gepulverte Gesteinspulver mit einem großen Überschuß von Calciumkarbonat unter Zusatz von etwas Ammoniumchlorid[53]) anfangs schwach erwärmt und später stark glüht. Die Reaktion verläuft z. B. bei Orthoklas in folgender Weise:

$$2\,KAlSi_3O_8 + 6\,CaCO_3 + 2\,NH_4Cl = 6\,CaSiO_3 + 6\,CO_2 + Al_2O_3 + 2\,KCl + 2\,NH_3 + H_2O,$$

lein aufgenommen, weil bei der Mannigfaltigkeit der chemischen Zusammensetzung der Gesteine, besonders wenn es sich um nur wenig Magnesia neben viel Calcium handelt, eine mindestens dreimalige Wiederholung dieser Trennung nötig ist.

[53]) Ammoniumchlorid und Calciumkarbonat bezieht man in reinster Form als Kahlbaumsche „Präparate zur Analyse mit Garantieschein", prüft sie aber durch einen Blindversuch auf Alkali und bringt eine entsprechende Korrektur an der Auswage an. Ammoniumchlorid kann durch Sublimation noch weiter gereinigt werden. Den Alkaligehalt des Calciumkarbonates bestimmt man in einer Einwage von 10 g (meist Na_2O neben wenig K_2O); in einer vom Autor untersuchten Blindprobe wurden z. B. in 4 g $CaCO_3$ noch 0,0036 g Na_2O und 0,0003 K_2O gefunden.

daneben bildet sich allenfalls noch Calciumchlorid, Calciumoxyd, Mangan- und Eisenoxyd. Aus dem wässerigen Auszug der Schmelze erhält man nach Entfernung des bei der Reaktion löslich gewordenen Calciums durch Ammoniumkarbonat und Verjagen der Ammoniumsalze nur die Alkalien der Chloride. Die wichtigste Voraussetzung für eine richtige Bestimmung der Alkalien ist aber die vollständige Entfernung der Ammonsalze.

Aus diesem Grunde entfernt man die Ammonsalze am besten in zwei Stufen, in deren erster, nach der Fällung der Hauptmenge des Calciums, der größte Teil der Ammonsalze beseitigt wird, ohne auf eine völlige Entfernung derselben besonderen Wert zu legen; die restlose Verflüchtigung der Ammonsalze erfolgt erst am Schluß der Operationen vor dem Wägen der Alkalichloride.

Für den Aufschluß verwendet man zweckmäßig einen sogenannten Fingertiegel aus Platin; der für 0,5 g Gesteinspulver und 4 g Calciumkarbonat verwendete Tiegel ist 8 cm lang, an der Öffnung 1,8 cm und am Boden 1,5 cm weit und mit einem mit Griff versehenen Deckel verschließbar; das Gewicht dieses Tiegels ist ungefähr 25 g.

Zur besseren Konzentration der Wärme beim Erhitzen benutzt man vorteilhaft einen Erhitzungsofen, einen aus drei Teilen bestehenden gebrannten Tonzylinder (jeder Teil ist etwa 5 cm hoch und 7,5 cm weit), der auf einem Eisendreifuß steht. Auf dem unteren Teil liegt in Einschnitten ein Quarzdreieck, in dem mittleren Teil befindet sich ein seitliches, schräg gebohrtes Loch, durch welches der Tiegel auf das Quarzdreieck geschoben wird und der obere Teil dient als Schornstein. Die einzelnen Tonzylinder sind zum Schutz gegen Springen mit Drahtligaturen versehen.

Die Operationen zerfallen in sechs Abschnitte:

1. Aufschluß mit $CaCO_3$ und NH_4Cl.
2. Entfernung der Hauptmenge des Calciums mit $(NH_4)_2CO_3$.

3. Entfernung der Hauptmenge der Ammonsalze durch Abrauchen.
4. Entfernung des allenfalls vorhandenen Schwefels als $BaSO_4$, des zur Fällung des Schwefels benutzten Bariums mit $(NH_4)_2CO_3$ und des restlichen Calciums als Oxalat.
5. Entfernung der restlichen Ammonsalze und Ermittlung der Summe der Alkalichloride.
6. Trennung der Alkalien mittels Platinchlorwasserstoffsäure.

1. Zur Ausführung der Analyse gibt man von dem möglichst fein verriebenen Gesteinspulver etwa 0,5 g[54]) in eine größere Achatreibschale (10 cm Durchmesser) und verreibt es darin innigst mit etwa dem gleichen Gewicht reinsten Ammoniumchlorides. Hierauf fügt man etwa 3 g Calciumkarbonat[55]) in kleinen Portionen hinzu und verreibt jedesmal sorgfältig, bis eine gleichmäßige und vollkommene Mischung erreicht ist. Den Inhalt der Reibschale bringt man mittels schwarzem Glanzpapier und mit Hilfe einer zugeschnittenen Federfahne in den Fingertiegel, dessen Boden man mit etwa 0,5 g $CaCO_3$ bedeckt hat, und benutzt das restliche halbe Gramm Calciumkarbonat dazu, die Reibschale und das Pistill vollständig abzuspülen. Nachdem der Tiegel verschlossen ist, wird er in die seitliche Öffnung des Tonzylinders gesetzt und zunächst 15 Minuten lang mit einer kleinen und breiten Flamme (Flachbrenneraufsatz), welche in beträchtlicher Entfernung (5 cm) unter den Tiegel gestellt ist, anfangs oberhalb der Mischung, allmählich gegen den unteren Teil hin fortschreitend erhitzt. Sobald der Geruch nach Ammoniak verschwunden ist, entfernt man den Flachbrenneraufsatz, erhitzt mit einem kräftigen Teclubrenner und läßt die volle Hitze

[54]) Nicht weniger als 0,45 g und nicht mehr als 0,6 g.

[55]) Man wägt 4 g auf der analytischen Wage auf Zentigramm genau ein und verwendet zur Mischung mit dem Gesteinspulver den Hauptteil (etwa 3 g). Bei basischen Gesteinen mit viel Eisen benötigt man insgesamt 5—6 g.

desselben durch 50—60 Minuten auf den Tiegel wirken, indem man durch vorsichtiges Drehen dafür Sorge trägt, daß auch die auf dem Tondreieck aufliegenden Teile des Tiegels genügend Hitze erhalten. Die Operation erfordert etwa 2 Stunden. Nach dem Erkalten findet man den Inhalt des Tiegels meist zu einer halbgeschmolzenen Masse zusammengesintert, welche sich durch vorsichtiges Klopfen ziemlich leicht entfernen läßt. Den Rest erweicht man mit wenig heißem Wasser, gibt alles in eine kleine Platinschale, fügt etwa 60—80 ccm (nicht mehr!) heißes Wasser hinzu und erwärmt auf dem Wasserbad, bis alles zu einem feinen Pulver zerfallen ist. Sollte sich der Tiegelinhalt nicht von der Wand ablösen lassen, so füllt man den Tiegel zu zwei Drittel mit Wasser und erwärmt längere Zeit am Wasserbade. Auf diese Weise löscht sich der Kalk im Tiegel selbst und der Inhalt desselben kann dann leicht und vollständig herausgespült werden. Klümpchen und zusammengeballte Teilchen werden zweckmäßig mittels eines Achatpistills zerkleinert. Nach 6—8stündigem Stehen, am besten über Nacht, filtriert man heiß, anfangs unter Dekantieren durch ein 9-cm-Weißbandfilter und wäscht schließlich mit heißem Wasser aus, bis das Filtrat etwa 300 ccm erreicht hat und nur eine schwache Trübung mit $AgNO_3$ erfolgt.[56])

Der auf dem Filter verbleibende Rückstand muß sich, wenn der Aufschluß richtig vorgenommen wurde, ohne dunkle Teilchen zu hinterlassen — solche dürfen höchstens Erzpartikelchen sein —, in verdünnter Salzsäure glatt lösen.

---

[56]) Die Alkalichloride werden verhältnismäßig rasch ausgelaugt; da sich hiebei viel Calciumoxychlorid bildet, so ist die ausbleibende Chlorreaktion mit Silbernitrat nach entsprechendem Ansäuern mit Salpetersäure auch ein sicheres Kriterium für die restlose Entfernung der Alkalien aus dem Rückstand. Bei Anwendung sogenannter Rapidtrichter und gut anliegender Filter gelingt das Auswaschen sehr rasch; am Schlusse des Auswaschens ist es ein zweckmäßiger Kunstgriff, das Filter mit einem Platinspatel gut auszuquetschen, ohne daß aber ein Reißen des Filters eintreten darf.

Diese Lösung kann übrigens vorteilhaft zur maßanalytischen Kontrollbestimmung des Gesamteisens verwendet werden.

2. Das Filtrat, welches neben den bei dem Aufschluß gebildeten Alkalichloriden noch ziemlich bedeutende Mengen gleichzeitig gebildeten Calciumchlorids, sowie Calciumhydroxyd enthält, wird in einem geräumigen Jenenser Becherglas beinahe zum Sieden erhitzt und mit 2—3 ccm Ammoniak[57]) und so viel festem, alkalifreien Ammonkarbonat (1—2 g) versetzt, daß nach dem Absitzen des gefällten Niederschlages von Calciumkarbonat am Wasserbad ein weiterer Zusatz des Reagens keine Fällung mehr hervorbringt.

Nach mehrmaligem Dekantieren durch ein 9-cm-Weißbandfilter und einigem Auswaschen des Niederschlages mit heißem Wasser löst man denselben in wenig heißer, verdünnter Salzsäure wieder auf und fällt von neuem mit Ammoniak und Ammonkarbonat wie oben beschrieben, um die bei der ersten Fällung in dem gefällten Calciumkarbonat enthaltenen geringen Mengen Alkalichloride zu entfernen. Nach 10 Minuten Stehens in der Wärme filtriert man vom Niederschlag ab und wäscht bis zum Entfernen der Chlorreaktion gut aus (Silberkarbonat löst sich in verdünnter Salpetersäure). Auch das gesamte Ammonchlorid muß in das Filtrat. Die in einer großen Platinschale oder, in Ermanglung einer solchen, in einer großen Quarzschale[58]) gesammelten Filtrate werden auf dem Wasserbad zur Trockne gebracht und nach dem Verdampfen mit 5 ccm absolutem, chemisch reinem Alkohol versetzt, um das Dekrepitieren der Alkalichloride möglichst zu verhindern.

3. Man erhitzt zunächst mit einem Uhrglase bedeckt auf einem Babotrichter mittels kleiner Flamme (Achtung auf Spritzen!) und verjagt schließlich den größten Teil der Ammon-

[57]) Dadurch wird die Bildung von löslichem Calciumbikarbonat verhindert.

[58]) Eine Quarzschale mit glatter Oberfläche eignet sich sogar besser als eine Platinschale, weil bei der Entfernung der Ammonsalze in der ersteren die Temperatur nicht so hoch steigt wie in einer Schale aus Platin.

salze durch gelindes Glühen über freier Flamme[59]) bei beginnender Rotglut. Der Rückstand darf hier keinesfalls zum Schmelzen kommen, weil sonst merkbar Alkalien verdampfen.

Den Rückstand nimmt man mit ganz wenig salzsäurehaltigem, heißem Wasser auf und filtriert die Lösung der Alkalichloride, welche nebst Spuren von Calciumchlorid auch noch Alkalisulfate und organische Substanzen (Pyridinbasen) aus dem Ammonkarbonat enthalten kann, durch ein kleines Weißbandfilter in ein Bechergläschen und wäscht mit heißem Wasser aus.

4. Enthält das Gestein Schwefel (Hauyn, Nosean, Schwefelsäure aus dem Leuchtgas), so würde derselbe als Sulfat bei den Alkalichloriden zu finden sein und das Kaliumplatinchlorid würde durch Natriumsulfat verunreinigt werden. Man entfernt daher in diesem Teile der Operation auch den Schwefel, indem man mittels einer Tropfröhre zu der siedend heißen salzsauren Lösung 1—2 ccm heiße Bariumchloridlösung zutropfen und einige Zeit in der Wärme stehen läßt; hierauf macht man die Lösung, ohne den Niederschlag abzufiltrieren, ammoniakalisch (Methylrot) und fällt mittels Tropfröhre den Bariumchloridüberschuß durch einige Tropfen Ammonkarbonat und sogleich die letzten Reste des Calciums mit wenigen Tropfen gesättigten, heißen, oxalsauren Ammoniums. Verfährt man wie angegeben, so ist die ganze Operation: Entfernung des Schwefels, des Bariumüberschusses und der letzten Reste Calcium als Oxalat in wenigen Minuten beendet.

Nach mehrstündigem Stehen filtriert man die gesamten Niederschläge durch ein kleines Weiß- bzw. Blaubandfilter, wäscht mit ganz wenig heißem Wasser sehr sorgfältig aus, um die Alkalichloride quantitativ in das Filtrat zu bekommen, und prüft das Filtrat erst dann auf Chlorion, wenn das Auswaschen nahezu beendet ist.

---

[59]) Restliches Calciumoxalat (siehe Punkt 4) bleibt bei Gegenwart von viel Ammonsalzen gerne löslich, daher müssen in diesem Teil der Operation die Ammonsalze weitgehend vertrieben werden.

Man verdampft das Filtrat in einer kleinen, gewogenen Platinschale, erhitzt mit einem Uhrglase bedeckt im Babotrichter, bis die Ammonsalze vollkommen verjagt sind und schmilzt nun vorsichtig in der Weise, daß der Boden der Platinschale eben und nur kurze Zeit schwach rotglühend wird[60]); man benutzt hiebei am besten einen Pilzbrenner und erhitzt nicht über 800°. Man wiederholt den Prozeß so lange, als sich noch Blasen von CO_2 (aus dem Alkalioxalat) entwickeln. Ist alles Oxalat in Karbonat übergeführt, läßt man erkalten, löst die Alkalisalze in 2 ccm Wasser und dampft mit einigen Tropfen konzentrierter Salzsäure zur Trockne, erhitzt schwach und wägt. Oder besser, man zieht den nach dem Erkalten verbleibenden Rückstand mit wenigen Tropfen Wasser aus und filtriert die Lösung in einen gewogenen, größeren Platintiegel. Um allenfalls gebildete Alkalikarbonate in Chloride überzuführen, gibt man einige Tropfen verdünnte reinste Salzsäure hinzu, verdampft am Wasserbad zur Trockne, glüht schwach und wägt. So erhält man das Gesamtgewicht der Chloride. Das Verdampfen der Lösung darf keinesfalls in einer ammoniakhaltigen Atmosphäre geschehen.[61])

6. Man bestimmt das Kalium als Kaliumplatinchlorid und berechnet das Natrium aus der Differenz.

15. Kaliumoxyd.

Die gewogenen Chloride[62]) werden in wenig heißem Wasser gelöst. Ein allenfalls verbleibender Rückstand wird abfiltriert, nach dem Veraschen gewogen und vom Gewicht der

[60]) Im Tageslichte ist dies nicht gut zu sehen, man erhitzt daher zweckmäßig in einer dunkleren Ecke des Laboratoriumsabzuges.

[61]) In der Lösung verbleibende Ammonsalze erhöhen das Gewicht des Kaliumplatinchlorids.

[62]) Nach J. Jakob macht sich ein etwaiger Lithiumgehalt hier dadurch bemerkbar, daß die Chloride stark hygroskopisch sind; in diesem Falle prüfe man mit Hilfe eines Spektroskops die Flammenfärbung. Ist kein Lithium vorhanden, so kann auch noch hygroskopisches Calciumchlorid zugegen sein, das durch mangelhaftes Auswaschen nicht vollständig beseitigt wurde.

Chloride in Abzug gebracht. Zur Überführung in die Platindoppelsalze wird die wässerige Lösung der Chloride in einem für diesen Zweck besonders aufbewahrten, kleinen Porzellanschälchen in einer ammoniakfreien Atmosphäre mit einem kleinen Überschuß von der für die Gesamtsumme der Chloride als NaCl berechneten Menge Platinchlorwasserstoffsäure $H_2[PtCl_6]$ versetzt.[63])

Die Trennung des Kaliums vom Natrium beruht nun darauf, daß das gelbe Salz $K_2[PtCl_6]$ in absolutem Methylalkohol praktisch unlöslich ist, während das orange gefärbte Natriumsalz darin löslich ist.

Man versetzt also mit einigen Zehnteln ccm $H_2[PtCl_6]$-Lösung mehr als berechnet und verdampft bei möglichst niedriger Temperatur am Wasserbad fast zur Trockne[64]), fügt nach dem Erkalten einige ccm absoluten Methylalkohols hinzu, zerdrückt die Salzmasse mit einem Glas-

---

[63]) Waren z. B. 0,0540 g Chloride gewogen worden, so braucht man, wenn man diese als Natriumchlorid annimmt, nach der Gleichung: $2\,NaCl + H_2[PtCl_6] = Na_2[PtCl_6] + 2\,HCl$ auf 2 Mol NaCl = 117 : 1 Mol $H_2[PtCl_6]$ = 409,5, also für 0,0540 g Chloride: 117 : 409,5 = 0,0540 : x; $x = \frac{409{,}5 \cdot 0{,}0540}{117} = 0{,}1890$ g, demnach etwa 2 ccm einer 10%igen Platinchloridlösung. Bei Verwendung einer 10%igen Platinchloridlösung (bzg. auf Platin) ist das Gewicht der Chloride einfach mit 17 zu multiplizieren, um die zur Fällung notwendige Anzahl ccm $H_2[PtCl_6]$ zu erhalten. Man erhält diesen Umrechnungsfaktor auf Grund folgender Überlegung: 2 Mol NaCl (117) verbrauchen stöchiometrisch 1 Mol $PtCl_4$ (337) zur Bildung von 1 Mol $Na_2[PtCl_6]$, daraus ergibt sich für 1 g NaCl 2,9 g $PtCl_4$, d. i. 1,7 g metallisches Platin. Im Falle der Verwendung einer 5%igen Lösung der Platinchlorwasserstoffsäure ist 1,7 g Platin in 34 ccm $H_2[PtCl_6]$-Lösung enthalten. Bei Verwendung einer 10%igen Lösung ist daher diese Zahl 17.

Die Berechnung muß für NaCl geschehen, da bei KCl wegen des höheren Atomgewichts von K eine geringere Menge $H_2[PtCl_6]$ nötig wäre und bei Überwiegen des Natriums nicht genügend davon hinzugesetzt werden würde. Vgl. hiezu W. D. Treadwell, l. c. II. 11. Aufl. S. 35.

[64]) Das Wasser im Wasserbad darf nicht zum Sieden kommen und der Rückstand soll erst beim Abkühlen fest werden; höhere Temperaturen zersetzen die Platindoppelsalze wieder.

stab zu einem feinen Pulver, dekantiert durch ein mit Alkohol derselben Konzentration benetztes Filterchen und wiederholt die Behandlung des Salzgemisches mit Alkohol, Zerdrücken mit dem Glasstab und Dekantieren, bis der Alkohol vollkommen farblos durch das Filter läuft, das zurückbleibende Salz eine rein gelbe Farbe annimmt und keine orange gefärbten Kriställchen $Na_2[PtCl_6] . 6 H_2O$ mehr enthält. Man läßt den Alkohol völlig abtropfen und trocknet Schale und Filter bei 80—90°.

Man bringt nun mittels Federfahne den größten Teil des Niederschlages in einen gewogenen und für diesen Zweck besonders aufbewahrten gewogenen Porzellan- oder Glasfiltertiegel, legt das Filterchen in den Trichter zurück und bringt die letzten Spuren des Niederschlages aus der Schale und dem Filter durch Spülen mit wenig heißem Wasser am besten mittels einer Tropfröhre in den Tiegel. Man verdampft bei möglichst niedriger Temperatur auf dem Wasserbad zur Trockne, erhitzt abermals bei etwa 90° bis zur Gewichtskonstanz und wägt. Die Berechnung des Kaliumchlorids aus dem Gewicht des gefundenen Chloroplatinats erfolgt durch Multiplikation mit dem empirischen Faktor 0,3056.[65])

Das Gewicht des gefundenen KCl wird von der Summe der Chloride subtrahiert und ergibt das Gewicht für NaCl.

Aus den Chloriden ergeben sich die Gewichte der Oxyde durch Multiplikation mit folgenden Faktoren:

$$KCl . 0{,}6318 = K_2O \quad \text{und} \quad NaCl . 0{,}5303 = Na_2O.$$ [66])

Man vergesse nicht auf die Korrektur, die sich aus den kleinen Mengen NaCl und KCl in jenen 4 g $CaCO_3$ ergibt, welche für den Aufschluß dienten.

---

[65]) Siehe hierüber W. D. Treadwell, Kurzes Lehrbuch der analyt. Chem. II. 1930.

[66]) Wurden z. B. in obigen 0,0540 g Chloriden 0,0692 g $K_2[PtCl_6]$ gefunden, so entspricht dies 0,01337 g K_2O = 0,0211 g KCl; wenn man diese letzteren von 0,0540 g der Gesamtchloride abzieht, so hinterbleibt 0,0329 g NaCl = 0,01746 g Na_2O.

16. Lithiumoxyd.

In sehr natronreichen Gesteinen oder gewissen Syenitpegmatiten mit viel Alkalifeldspat ist stets auch auf Lithium zu prüfen. Das Lithium wird zunächst qualitativ im Filtrat des Kaliumplatinchlorids gesucht, indem man dieses zur Trockne verdampft und den Rückstand spektroskopisch prüft (S. 41).

Es ist nicht ratsam, Kalium, Natrium und Lithium, wie oft angegeben, in einer einzigen Probe zu bestimmen, weil bei der Trennung von Lithium stets geringe Mengen Kalium- und Natriumchlorid in die Lösung des Lithiumchlorids gehen. Man bestimmt vielmehr in einer Einwage des Gesteinspulvers, nachdem man die Summe der Chloride ermittelt hat, das Kalium, wie auf S. 43 beschrieben, als Kaliumplatinchlorid und in einer zweiten Probe das Lithium wie folgt:

Die zur Trockne eingedampften Chloride der Alkalien behandelt man nach der Methode von F. A. Gooch mit wasserfreiem Amylalkohol. Wasserfreies Lithiumchlorid ist darin löslich, während KCl und NaCl nur sehr schwer löslich sind. Man bringt die möglichst konzentrierte Lösung der Chloride, welche höchstens 0,2 g LiCl enthalten darf, in ein kleines 40—50 ccm fassendes Erlenmeyerkölbchen, fügt 6 ccm Amylalkohol (Siedepunkt 132°) hinzu, stellt auf eine Asbestplatte und erhitzt sehr sorgfältig unter Zuhilfenahme kleinster Glaskapillaren, um das Stoßen der Flüssigkeit zu verhindern. Sobald alles Wasser verjagt ist, scheiden sich Kalium- und Natriumchlorid aus, während das Lithiumchlorid in Lösung bleibt.

Während des Eindampfens der wässerigen LiCl-Lösung bildet sich durch Hydrolyse in Amylalkohol gern noch unlösliches LiOH. Um dieses völlig in Lösung zu bringen, versetzt man die Amylalkohollösung mit 2—3 Tropfen konzentrierter Salzsäure, kocht 2—3 Minuten und filtriert noch warm durch ein kleines Glasfiltertiegelchen, wäscht die zurückbleibenden Krusten von Kalium- und Natriumchlorid mit heißem ausgekochten Amylalkohol aus, verdampft das Filtrat zur Trockne, löst den Rückstand nach Zusatz von etwas verdünnter Schwefelsäure in wenig Wasser, filtriert vom kohligen Anteil in einen gewogenen Platintiegel ab, verdampft soweit als möglich im Wasserbad, verjagt die überschüssige H_2SO_4 im schrägliegenden Tiegel über freier Flamme, glüht schwach und wägt. Da das so gefundene Lithiumsulfat stets noch kleine Mengen Kalium- und Natriumsulfat enthält, so ziehe man von dessen Gewicht für je 10 ccm des Filtrats (ausschließlich des Waschalkohols) 0,00041 g ab, wenn nur Chlornatrium, 0,00051 g, wenn nur Chlorkalium zugegen ist und 0,00092 g, wenn beide zugegen sind.

Sind in dem ursprünglichen Salzgemisch 10—20 mg Lithiumchlorid vorhanden, so löst man den nach dem Filtrieren und Auswaschen mit Amylalkohol verbleibenden Rückstand nochmals in wenig Wasser, wiederholt die obige Behandlung und bestimmt in den vereinigten Filtraten das Lithium wie oben. Lithium enthaltende Gesteine führen meist auch etwas Rb und Cs.

17. Bestimmung der Alkalien als Sulfate.

Die Chloride der Alkalien sind ziemlich flüchtig, während die Alkalisulfate bei weitem feuerbeständiger sind. A. Marchet[67]) schlägt daher vor, nach Entfernung des Calciums als Karbonat und dem Abrauchen der Ammonsalze die Chloride mit ein paar Tropfen Wasser aufzunehmen und vom Rückstande in einen größeren Platintiegel zu filtrieren. Nach dem Waschen mit heißem Wasser werden die Chloride unter Zusatz von einigen Tropfen 10n-Schwefelsäure zur Trockne gebracht; die überschüssige Schwefelsäure wird vorsichtig über kleiner Flamme abgeraucht, unter mehrmaligem vorsichtigem Zusatz von wenig Ammonkarbonat (reinst!) die Temperatur des bedeckten Tiegels langsam bis zu dunkler Rotglut des Tiegelbodens gesteigert und diese Operation wiederholt, bis Gewichtskonstanz erreicht ist. Der

[67]) Nach privater Mitteilung von Prof. Dr. A. Marchet, Wien.

Tiegelinhalt (Alkalisulfate) wird nach dem Wägen mit etwas Wasser aufgenommen und durch ein kleines Filterchen in ein Porzellanschälchen filtriert. Der Rückstand im Filter wird verascht, geglüht und gewogen und das Gewicht der Verunreinigungen vom Gewicht der Sulfate in Abrechnung gebracht. Die Differenz sind reine Alkalisulfate. Zu der Lösung der Alkalisulfate bringt man nun die berechnete Menge 10%ige Platinchloridlösung (Gewicht der Alkalisulfate · 2,89) und dampft auf dem Wasserbad bis zur Honigkonsistenz ein. Unter mehrmaligem Umrühren versetzt man mit kleinen Mengen absoluten Methylalkohol, läßt etwa eine Stunde in NH_3-freier Atmosphäre stehen und filtriert. Man dekantiert, wäscht mit Alkohol nach und befreit so von Natriumplatinchlorid. Das Kaliumplatinchlorid in der Schale und am Filter wird mit wenig heißem Wasser gelöst und in ein etwa fingerhohes Bechergläschen gebracht. Die Lösung wird nach dem Abkühlen mit metallischem Magnesium — am besten in Bandform[68]) — reduziert, wodurch sich alles Platin aus der Lösung des Kaliumplatinchlorides ausscheidet. Man erwärmt bedeckt am Wasserbad, bis sich das Platin zusammengeballt hat und setzt bei Nachlassen der Gasentwicklung (Wasserstoff!) etwas Salzsäure hinzu, um etwa gebildetes Magnesiumhydroxyd zu lösen. Die Lösung muß farblos sein, wenn wirklich alles Platin reduziert ist. Man dekantiert durch ein kleines Filter und prüft im stärker eingedampften Filtrat wie oben auf noch nicht ausgefälltes Platin. Das Filter mit dem Platin wird feucht im gewogenen Platintiegel verascht und am Gebläse bis zur Gewichtskonstanz geglüht.

$$Pt . 0{,}48108 = K_2O; \quad K_2O . 1{,}84989 = K_2SO_4;$$
$$Na_2SO_4 . 0{,}43644 = Na_2O.$$

18. Eisenoxydul.

Die Probe zur Bestimmung des Ferroeisens wird in sauerstoffreier Atmosphäre mit Fluorwasserstoff-Schwefel-

[68]) Magnesiumband von 1 dm Bandlänge genügt.

säure aufgeschlossen und die Lösung mit $^{1}/_{10}$ n-Permanganat titriert. Saure Gesteine mit wenig Ferroeisen erfordern eine Einwage von 1 g, bei basischen Gesteinen genügen 0,5 g. Die Apparatur, welche am mineralogischen Institute der Universität Wien verwendet wird, besteht aus einer Bleiplatte, die in der Mitte eine Öffnung für einen Platintiegel von 30—35 ccm Inhalt besitzt (Abb. 1). Die Bleiplatte enthält eine ringförmige Rinne *R*, in der ein Glastrichter oder eine Glasglocke mit Tubus steht, die durch Wasser mit etwas Glycerin abgedichtet werden kann. Die Luft in der Glasglocke kann durch ein U-förmig gebogenes Bleirohr, durch welches Kohlendioxyd in die Glocke geleitet wird, vollkommen vertrieben werden.

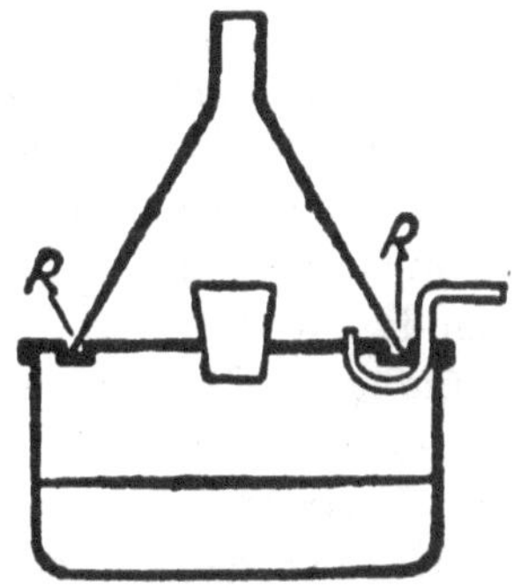

Abb. 1. Apparatur für die FeO-Bestimmung nach H. und W. Biltz.

Die lufttrockene Probe muß jedenfalls so fein gepulvert werden, daß mit dem Säuregemisch im Platintiegel Auflösung erfolgt.[69]) Wenn das Pulvern der Probe nicht über eine halbe Stunde fortgesetzt wird, ist Oxydation zu Ferrieisen nicht zu befürchten. Das Pulvern der Probe unter Alkohol ist überflüssig und sogar schädlich.

Sulfide — Pyrit wird in sauerstoffreier Atmosphäre nicht angegriffen, wohl aber Magnetkies —, Vanadinsäure und Beimengung organischer Substanz beeinflussen die

[69]) Einige gesteinsbildende Minerale, wie Granat, Spinell, Hypersthen usw., sind außerordentlich widerstandsfähig gegen Säuren. Man erhält dann leicht zu niedrige FeO-Werte. Man arbeitet in diesem Falle an Stelle eines Wasserbades mit dem Babotrichter und erhitzt das besonders feine Pulver durch etwa 2—4 Stunden bei 120°. Gelingt der Aufschluß auch dann noch nicht, so bleibt nichts übrig, als im zugeschmolzenen Rohr aus eisenfreiem Kaliglas mittels Schwefelsäure bei 200° im Schießofen aufzuschließen. Nach erfolgtem Aufschluß kann der Inhalt des Rohres sofort, wie oben beschrieben, titriert werden.

Ferroeisenbestimmung und veranlassen zu hohe Werte, doch sind sie meist nur in so geringer Menge vorhanden, daß ihr Einfluß vernachlässigt werden kann.[70])

Die Probe wird im Platintiegel mit 10 ccm verdünnter warmer Schwefelsäure (1:1) versetzt und 8—10 ccm 40%ige rückstandsfreie Flußsäure[71]) hinzugefügt. Der Tiegel wird augenblicklich auf das bereits dampfende Wasserbad oder, wenn man höhere Temperaturen — bis 120° C und mehr — erzielen will, besser in ein Luftbad (Babotrichter mit Pilzbrenner) gesetzt. Die im Tiegelinnern befindliche Luft wird sofort durch einen kräftigen Kohlensäurestrom verdrängt. Mit Hilfe einer solchen Vorrichtung ist man imstande, den Aufschluß quantitativ zu machen und die Flußsäure fast vollständig zu vertreiben. Der Tiegelinhalt wird durch die obere Öffnung des Glastrichters mit einem starken Platindrahte, der an einem Glasstabe angeschmolzen ist, des öfteren gerührt. Zur Vermeidung des Stoßens gibt man zweckmäßig einige Platinstückchen in den Tiegel. Je nach der Gesteinsart dauert der Aufschluß 20—50 Minuten. Inzwischen hat man eine große, etwa 1 Liter fassende, weiße Porzellanschale vorbereitet und mit etwa 400—500 ccm destilliertem Wasser, ungefähr 10 ccm Schwefelsäure 1:1 und nach einem Vorschlage von H. S. Washington mit 10 ccm gesättigter Borsäurelösung[72])

[70]) Ist die Menge der Sulfide beträchtlich, wie in gewissen metamorphen Gesteinen oder in Meteoriten, so reduziert der bei der Lösung in Säuren entwickelte Schwefelwasserstoff vorhandenes Eisenoxyd zu Oxydul und es muß eine entsprechende Korrektur angebracht werden. (Siehe hiezu E. Dittler, Z. anorg. u. allgem. Chem. 158, 264, 1926.)

[71]) Die Flußsäure muß frei von reduzierenden Substanzen sein: Prüfung der verdünnten Säure in einer Platinschale durch Zusatz eines Tropfens $KMnO_4$, welcher nicht entfärbt werden darf.

[72]) Das Verschwinden der Farbe wird durch noch allenfalls vorhandenes Fluor verursacht, weil bei Gegenwart von Fluor das Manganosalz mitreagiert. Durch den Zusatz der Borsäure wird alles Fluor als Fluorborat gebunden und der Umschlag scharf. Auch Zusatz von 1—2 g Kaliumsulfat machen den Umschlag scharf.

gefüllt. Die im Tiegel befindliche Masse wird sofort in die Schale gespült und der Tiegel mit kaltem Wasser nachgewaschen, wobei man den im Tiegel befindlichen Bodensatz mit dem Spatel entfernt. Man titriert bis zum ersten Farbenumschlag auf Blaßrot. Die Farbe muß einige Sekunden bestehen bleiben.

Nach Beendigung der Titration prüft man den Bodensatz unter dem Mikroskop auf etwa unaufgeschlossene Mineralsubstanz; insbesondere Spinelle und Granat bleiben gern unaufgeschlossen, in welchem Falle der Aufschluß mit einer besonders fein gepulverten Probe zu wiederholen ist. In diesem Falle erhitzt man aber den Platintiegel besser im Luftbad (Babotrichter) auf 100—120°, wobei der Aufschluß sicherer erfolgt und auch alle Flußsäure quantitativ vertrieben wird.

Das erhaltene Eisen wird durch Multiplikation mit 1,2865 auf FeO bzw. mit 1,4298 auf Fe_2O_3 umgerechnet und von der gefundenen Menge Gesamteisen in Abzug gebracht. Die Differenz ergibt den Wert für Fe_2O_3.

Fehlbestimmungen können durch zu feines Pulvern der Probe, Anwesenheit von Sulfiden und organischen Substanzen (Humus, Bitumen) entstehen; durch die Anwesenheit dieser Substanzen werden die FeO-Werte zu hoch; Minusfehler können durch höhere Manganoxyde veranlaßt werden.

19. Manganoxydul bzw. -oxyd.

Die Menge des Mangans in Gesteinen beträgt gewöhnlich nicht mehr als 0,2—0,5% und wird daher am besten in einer besonderen Probe kolorimetrisch ermittelt. Ist die Manganmenge aber größer als 1,5%, so ist die kolorimetrische Methode nicht verwendbar und das Mangan gravimetrisch zu bestimmen (siehe S. 24).

1 g des feinst gepulverten Gesteinspulvers wird in einer kleinen Platinschale oder in einem größeren Platintiegel mit 10 ccm Schwefelsäure (1:1) und 8—10 ccm reinster 40%iger

Flußsäure vorsichtig versetzt und mit einem Platinspatel innig verrührt.[73])

Die Schale bzw. der Tiegel wird erwärmt, bis weiße Dämpfe von SO_3 weggehen. Nach dem Abkühlen werden neuerdings 5 ccm Schwefelsäure derselben Konzentration hinzugefügt und die Operation noch zweimal wiederholt, um sicher zu sein, daß alle Flußsäure ausgetrieben ist. Das letztemal dampft man bis zur vollkommenen Trockne, um auch sicher zu sein, daß alle Silikofluoride zerstört sind. Der unlösliche Rückstand[74]) wird nach dem Aufnehmen mit verdünnter Schwefelsäure abfiltriert, mit etwas heißem Wasser gewaschen und das Filtrat in ein 200-ccm-Meßkölbchen gebracht. Die Flüssigkeitsmenge sollte nicht mehr als 100 ccm betragen.

Die Ausführung der Methode kann in zweifacher Art erfolgen:

1. Man versetzt mit 15 ccm konzentrierter Schwefelsäure, läßt abkühlen und fügt 0,4 g festes Kaliumperjodat hinzu, kocht einige Minuten auf, hält die Lösung etwa 10 Minuten heiß und läßt wieder langsam abkühlen. Die Lösung färbt sich rot, erreicht aber erst bei der Abkühlung den maximalen Farbenton. Nun wird bis zur Marke aufgefüllt und wie bei Titan kolorisiert (siehe S. 18.[75])

---

[73]) An Stelle der Schwefelsäure kann auch Salpetersäure (1 : 1) verwendet werden; in diesem Falle ist es möglich, in einer einzigen Einwage nach dem Zerstören der Silikofluoride, Aufnehmen des Trockenrückstandes mit etwa 2 ccm konzentrierter Salpetersäure und Auffüllen in ein Meßkölbchen von 100 ccm, in aliquoten Teilen von je 50 ccm das Gesamtmangan und die Phosphorsäure zu bestimmen.

[74]) Der unlösliche Rückstand besteht aus Calciumfluorid und Quarz; auch Muskovit, Granat, Alkaliamphibole, Alkalipyroxene und besonders Spinelle lassen sich mit Fluorwasserstoffsäure nur schwer aufschließen, wenn die Probe nicht sehr fein gepulvert vorliegt; man prüfe daher den Rückstand stets unter dem Mikroskop.

[75]) Diese Methode wurde von H. S. Washington empfohlen und hat sich besonders bei Cl-haltigen Gesteinen bestens bewährt. Der Farbenton ist beständiger als der mittels Ammonpersulfat erhaltene

2. Will man die Oxydation des Mangans zu Permangansäure mittels Ammonpersulfat und Silbernitrat vornehmen, so verfährt man zunächst wieder wie oben beschrieben.

Zu dem klaren Filtrat im Meßkölbchen fügt man als Katalysator auf je 2 mg MnO 10 ccm einer 1%igen Silbernitratlösung, ferner 10 ccm Schwefelsäure (1:1) und als Oxydationsmittel 2—3 g festes Ammoniumpersulfat und erhitzt die Lösung auf dem Wasserbade, bis sich die alsobald einsetzende Violettfärbung nicht mehr weiter vertieft.[76]) Das Persulfat muß durch Erhitzen vollkommen zerstört werden, da das gebildete Permanganat nicht unempfindlich gegen Persulfat ist. Es ist ratsam, mit einigen Körnchen Persulfat zu beginnen und langsam weiter Persulfat hinzuzufügen, bis keine weitere Farbvertiefung mehr auftritt.

Die Lösung wird, sobald sich der Farbenton nicht weiter vertieft, unter der Wasserleitung abgekühlt. Trübt sich die Lösung während der Oxydation unter Abscheidung von Mangandioxyd, so fehlt es an Silbernitrat. Oft hilft ein

---

und wird durch allenfalls vorhandenes Chlorion **nicht** beeinflußt, was bei der Persulfatmethode stets der Fall ist.

Die Reaktion verläuft nach folgender Gleichung:

$$2Mn(NO)_2 + 5KJO_4 + 3H_2O = 2HMnO_4 + 5KJO_3 + 4HNO_3$$

oder

$$2MnSO_4 + 5KJO_4 + 3H_2O = 2HMnO_4 + 5KJO_3 + 2H_2SO_4.$$

Die Lösung soll nicht mehr als 0,001 g MnO in je 50 ccm enthalten, andernfalls wird die Farbe zu dunkel. Bei kleinen Mangangehalten (unter 0,003 g Mn) ist längeres Erhitzen bis zum Sieden und ein größerer Perjodatzusatz notwendig, um die Farbe erscheinen zu lassen, es ist dann zweckmäßiger, mit Ammonpersulfat zu arbeiten. Die hohen Kosten des Perjodates spielen keine Rolle im Vergleich zu der sehr geringen Menge, welche zum Versuch benötigt wird.

[76]) Während Mangan aus schwach salpeter- oder schwefelsauren Lösungen durch Alkalipersulfat als manganige Säure gefällt wird, wird es bei gleichzeitiger Anwesenheit eines in genügender Menge vorhandenen Sauerstoffüberträgers (Silbernitrat) in sehr kurzer Zeit zu Permangansäure oxydiert:

$$2Mn(NO_3)_2 + 5(NH_4)_2S_2O_8 + 8H_2O = 5(NH_4)_2SO_4 + 5H_2SO_4 + 4HNO_3 + 2HMnO_4.$$

sofortiger Zusatz von mehr Silbernitratlösung. Bildet sich aber ein brauner, flockiger Niederschlag, dann bringt man zweckmäßig das ausgefallene Mangandioxyd mit 1—3 Tropfen einer 3%igen Wasserstoffsuperoxydlösung wieder in Lösung, verdünnt mit Wasser auf etwa 200 ccm und fügt unter stetem Umrühren von neuem Ammonpersulfat — bis 1 g — hinzu. Man erhitzt zum Sieden und gibt sobald die Farbe auftritt, nochmals eine Spur des Salzes hinzu, bis sich die Farbe auch in der Hitze nicht weiter vertieft. Ein Überschuß von Wasserstoffsuperoxyd ist zu vermeiden, da derselbe nur Ammoniumpersulfat verbraucht.

Immer sollte die Lösung genügend Schwefelsäure enthalten, um etwa sich bildendes Manganoxyd in Lösung zu bringen, weiter muß bei dieser Methode auf vollständige Chlorfreiheit geachtet werden.[77])

Bei höheren Mangangehalten (über 1,5% Mn) tritt stets Braunfärbung ein, dann ist das Verfahren nicht brauchbar[78]) und man muß das Mangan nach S. 24 bestimmen.

Das gefundene MnO wird auf Mn_3O_4 umgerechnet (Faktor 1,075) und von der Gesamtsumme der Sesquioxyde subtrahiert, falls das gesamte Mangan mit Brom gefällt wurde. Andernfalls findet sich das Mangan in den Niederschlägen der Sesquioxyde, CaO und $Mg_2P_2O_7$ verteilt. Man löst in diesem Falle die gewogenen Niederschläge von CaO und $Mg_2P_2O_7$ in etwas Salpetersäure, bestimmt das Mangan kolorimetrisch und bringt die gefundenen Werte als Mn_3O_4 bzw. $Mn_2P_2O_7$ in Abzug, der Rest des Mangans ist von der Summe der Sesquioxyde in Abrechnung zu bringen.

---

[77]) Eine Trübung durch Ausfallen von allenfalls gebildetem AgF geht beim Erhitzen wieder in Lösung. Hat sich aber bei Gegenwart von Sodalith oder Skapolith im Gestein AgCl gebildet, so kann die Manganbestimmung erst nach dem Filtrieren des durch Erhitzen koagulierten Chlorsilbers vorgenommen werden.

[78]) Über die Theorie der Persulfat-Silbernitratmethode und den günstigen Einfluß von Phosphorsäurezusatz siehe den Bericht A. Travers, Chemische Analyse anorganischer Stoffe. Z. analyt. Chem. **84**, 119, 1931.

Vergleichslösung.

Man löst 0,1114 g chemisch reines und vollkommen trockenes Kaliumpermanganat in 250 ccm Wasser und läßt zwei Tage stehen. Hierauf fügt man 10 ccm Schwefelsäure hinzu und reduziert die Lösung durch vorsichtigen Zusatz von etwa 20 ccm frischer schwefeliger Säure, bis Farblosigkeit eintritt. Nach dem Erkalten der durch Kochen von SO_2 befreiten Flüssigkeit wird auf 500 ccm aufgefüllt. 10 ccm der Lösung enthalten nun genau 0,001 g MnO. Je nach der Farbe der zu prüfenden Lösung entnimmt man mittels einer Pipette 10, 20 oder 50 ccm der Vergleichslösung, verdünnt in einem Becherglas mit ein wenig Wasser und behandelt mit konzentrierter Schwefelsäure und Perjodat bzw. Ammonpersulfat und Silbernitrat genau so wie die zu prüfende Lösung. Natürlich dürfen nur Lösungen miteinander verglichen werden, die durch das gleiche Oxydationsmittel angefärbt wurden. Es ist durchaus nicht erlaubt, die zu prüfenden Lösungen mit einer Lösung zu vergleichen, die durch Verdünnen der auf Seite 21 beschriebenen Kaliumpermanganatlösung hergestellt wurde, weil der Farbenton dieser Lösung ein wesentlich anderer ist.

20. Phosphorsäure.

Der Phosphor findet sich in den Gesteinen zumeist im Apatit. Der Gehalt an P_2O_5 beträgt in den Silikatgesteinen meist weniger als 0,25% und nie mehr als 0,40%.

Die Bestimmung der Phosphorsäure geschieht nach der Molybdatmethode. Wichtig ist, daß die zu untersuchende Lösung frei von Chloriden ist, da beim Erwärmen der stark salpetersauren Lösung sonst Chlor frei wird, das die Fällung des Ammoniumphosphormolybdates beeinträchtigt. Auch Kieselsäure wirkt störend und erhöht die Werte für P_2O_5.

Die Hauptschwierigkeit der Bestimmung besteht in der etwas unsicheren Zusammensetzung des Ammoniumphosphormolybdat-Niederschlages, weswegen man sich genau an die folgende Vorschrift zu halten hat.

1 g des Gesteinspulvers wird in einer kleinen Platinschale oder in einem größeren Platintiegel mit etwa 10 ccm Wasser angefeuchtet und mit 5 ccm konzentrierter Salpetersäure versetzt. Hierauf werden, wie bei der Manganbestimmung, 2—3 ccm 40%ige reine Flußsäure hinzugefügt, mit einem Platinspatel innig verrührt und auf dem Wasserbade zur Trockne verdampft. Diese Operation wird so lange wiederholt, bis das Gestein tatsächlich aufgeschlossen ist. Die Kieselsäure wird durch 2—3maliges Abdampfen mit 2 bis 3 ccm konzentrierter Salpetersäure und öfterem Eindampfen zur Trockne unlöslich gemacht[79]) und die Silikofluoride zerstört. Nun wird die vollständig trockene Masse mit 10 ccm Salpetersäure (1:4) einige Minuten unter ständigem Umrühren auf dem Wasserbade erwärmt, um die Nitrate und basischen Salze in Lösung zu bringen und etwa gebildete Meta- bzw. Pyrophosphate in Orthophosphate zu verwandeln. Vom unlöslichen Rückstand (Kieselsäure, Sulfate und Fluoride) wird in ein kleines 250-ccm-Becherglas abfiltriert und mit heißem Wasser derart gewaschen, daß das Volumen des Filtrates nicht mehr als 50 ccm beträgt.

Die Fällung der Phosphorsäure in der kieselsäure- und chloridfreien Lösung, welche nicht mehr als 0,1 g P_2O_5 enthalten darf, wird nach Woy nun folgend vorgenommen:

Für je 0,005 g P_2O_5 (bei 1 g Einwage = 0,5% P_2O_5) versetzt man mit 15—20 ccm Ammonnitrat und 10—20 ccm Salpetersäure (D. 1,153) und erhitzt zum Blasenwerfen. Gleichzeitig erhitzt man die nötige Menge Ammonmolybdatlösung in einem zweiten Becherglas ebenfalls bis zum Blasenwerfen und gießt sie mittels einer Pipette in dünnem

---

[79]) Hiebei ist es zweckmäßig, vor dem Eindampfen zur Trockne durch Zufügen einiger Tropfen einer konzentrierten Lösung von Ammonnitrat die Fluorwasserstoffsäure möglichst vollständig auszutreiben.

Strahle unter stetem Umschwenken in die heiße Phosphatlösung.[80]) Gewöhnlich scheidet sich das gelbe Ammoniumphosphormolybdat augenblicklich und quantitativ aus. Sollte aber der Niederschlag nicht gleich erscheinen, so läßt man, ohne einzudampfen, 1 Stunde in der Hitze stehen. Man schwenkt das Becherglas nach dem Erscheinen des Niederschlages noch etwa 1 Minute um, läßt $^1/_4$ Stunde stehen, gießt die überstehende Flüssigkeit durch ein Schwarzbandfilter, dekantiert mit 50 ccm heißer Waschflüssigkeit und befreit Niederschlag und Filter sorgfältigst von Eisen und Tonerde (Prüfung auf Eisen mit KCNS!). Falls nämlich Niederschlag und Filter nicht erst gründlich von Eisen und Tonerde befreit werden, scheiden sich beim folgenden Lösen in Ammoniak die Hydroxyde dieser Elemente aus, die P_2O_5 in Form basischer Salze

---

[80]) Man benütze folgende Tabelle:

P_2O_5 g	Ammonmolybdat ccm	Ammonnitrat ccm	Salpetersäure ccm
0,1	120	30	19
0,01	15	20	10
0,005	15	20	10
0,002	10	15	5
0,001	10	15	5

Bei Verwendung von 1 g Substanz sind für jedes Prozent P_2O_5 etwa 10—15 ccm Molybdatlösung zu verwenden.

Erforderliche Lösungen nach Woy:

1. Eine 3%ige Ammonmolybdatlösung, erhalten durch Lösen von 120 g käuflichem Ammonmolybdat $(NH_4)_6Mo_7O_{24} + 4 H_2O$ zu 4 Liter (1 ccm fällt 0,001 g P_2O_5). Zum Auflösen dieses Salzes muß man stets etwas Ammoniak hinzufügen, sonst bildet sich ein unlöslicher Rückstand, den man übrigens über etwas reinsten Asbest abfiltrieren kann.

2. Eine Ammonnitratlösung, erhalten durch Lösen von 340 g Ammonnitrat zu 1 Liter.

3. Salpetersäure von der Dichte 1,153 (25% HNO_3 enthaltend).

4. Als Waschflüssigkeit: 200 g Ammonnitrat und 160 ccm Salpetersäure zu 4 Liter gelöst.

zurückhalten. Man würde dann zu niedrige P_2O_5-Werte erhalten. Man löst den Niederschlag in 10 ccm 8%igem Ammoniak, fügt neuerdings 15—20 ccm Ammonnitrat, 30 ccm Wasser und 1 ccm Ammonmolybdat hinzu, erhitzt wieder bis zum Blasenwerfen und setzt tropfenweise mittels einer Pipette 20 ccm Salpetersäure unter stetem Umschwenken zu. Der Niederschlag scheidet sich sofort wieder ab und ist nunmehr rein und frei von Eisen, Tonerde und Alkalien; nach 10 Minuten wird filtriert. Der Niederschlag wird wie oben gewaschen (Prüfung auf Molybdän mit Ferrocyankalium) und das Filter noch feucht, mit der Spitze nach oben, in einen gewogenen Porzellantiegel gebracht. Das Erhitzen muß vorsichtig geschehen, indem man auf den Bunsenbrenner einen Pilzaufsatz setzt. Der Boden des Tiegels darf nicht rotglühend werden. Ist das Filter verkohlt, so bedeckt man zur Hälfte und legt den Porzellantiegel schräg. So gelingt das Veraschen des Filters bei verhältnismäßig niedriger Temperatur, die keinesfalls 500° übersteigen darf, weil sich sonst Molybdänsäure verflüchtigt. Durch öfteres Drehen gelingt es, auch unverbrannte Filterreste zum Erglühen zu bringen. Es hinterbleibt ein Rückstand, der eine blauschwarze Farbe besitzt und die Zusammensetzung $P_2O_5 \cdot 24MoO_3$ hat. Man läßt im Exsikkator erkalten und wägt bedeckt. Diese Methode hat sich ausgezeichnet bewährt, ist rasch ausführbar und liefert auch bei Gegenwart von Eisen und Aluminium sehr gute Resultate.

$$P_2O_5 . 24MoO_3 . 0{,}03948 = P_2O_5 .$$

Bei der geringen Menge P_2O_5, welche in Gesteinen vorhanden ist, ist es durchaus nicht notwendig, das Ammoniumphosphormolybdat erst noch mittels Magnesiamixtur in Magnesiumammoniumphosphat und weiter in Pyrophosphat überzuführen.

Bei beträchtlichen Mengen Vanadinsäure im Gestein — ein seltener Fall — ist die in einer Sonderprobe bestimmte Vanadinsäure V_2O_5 von der für P_2O_5 gefundenen Zahl zu subtrahieren.

21. Die Bestimmung des Wassers über 110°: H_2O^+.

Die Silikatgesteine enthalten durchschnittlich 0,5—1% chemisch gebundenes Wasser.

Die einfachste Methode wäre die Bestimmung des Glühverlustes und in vielen Fällen wird diese Methode als eine der Orientierung dienende Kontrolle angewendet werden können. Wenn das Gestein aber nebst Wasser auch Schwefel, Chlor, organische Substanz oder Kohlensäure enthält, so wird der Glühverlust viel zu hohe Werte geben. Ein Minus an H_2O^+ entsteht bei Gegenwart von viel Ferroeisen oder Anwesenheit von oxydierbaren Sulfiden; bei basaltischen Gesteinen kann unter diesen Umständen beim Glühen vor dem Gebläse sogar eine Gewichtszunahme eintreten. Die Glühverlustmethode gibt also nur einen sehr ungenauen Anhalt über das chemisch gebundene Wasser.

Abb. 2. Penfieldrohr

Eine richtige Wasserbestimmung läßt sich nach Brush-Penfield durchführen: Man erhitzt 0,5 g des lufttrockenen Gesteinspulvers in einem Penfieldrohr aus schwer schmelzbarem Glas (Abb. 2) und fängt in demselben ohne Anwendung von Absorptionsapparaten das ausgetriebene Wasser auf.

Die bisher in der Gesteinsanalyse verwendeten Rohre sind zu schwer.[81]) Das Rohr besitzt in der Mitte zwei oder drei Kugeln für die Aufnahme des Wassers. Vor der Wägung muß das Rohr gut getrocknet werden. Dies geschieht dadurch, daß man mittels einer Luftpumpe einen langsamen Luftstrom durch das Rohr saugt und dabei gleichzeitig mit der Bunsenflamme

[81]) Enthält ein Gestein beispielsweise 0,5% Wasser, so beträgt bei einer Einwage von 0,5 g die Gewichtszunahme nur 0,0025 g; mit Rücksicht auf das große Gewicht der bisher verwendeten Rohre (bis 25 g) fallen die hiebei unvermeidlichen Wägefehler schon sehr ins Gewicht. Wir ver-

ziemlich stark erhitzt. Das Rohr wird nach dem Abkühlen mit einem dünnen Golddrähtchen an der Wage befestigt und gewogen. Mittels eines trockenen, langstieligen Trichters bringt man sodann ein halbes Gramm des Gesteinspulvers, das man zweckmäßig vorher mit dem gleichen Gewicht eines Gemisches von kohlensäurefreiem Bleioxyd und Bleisuperoxyd[82]) innig gemischt hat, in das geschlossene Ende des gewogenen Rohres[83]), wägt wiederum, spannt das Rohr mit der Öffnung schwach abwärts geneigt an einem Stativ in eine Klammer und verschließt das offene Ende des Rohres durch einen, mit einem kapillaren Glasröhrchen versehenen Gummistopfen oder Gummischlauch, um ein Einströmen von Luft und eine Verflüchtigung des entweichenden Wassers zu verhindern.

Man erhitzt nun das Ende des Rohres etwa 15 Minuten unter ständigem Drehen erst mit der leuchtenden Flamme des Bunsenbrenners, hernach noch weitere 15 Minuten mit einem Mekerbrenner und schließlich vor dem Gebläse, bis das Glas zu erweichen beginnt; zur Erzielung noch höherer Temperaturen[84]) kann man das Rohrende mit dünnem Platinblech umwickeln, in eine aus Holzkohle verfertigte Rinne legen und darauf die volle Gebläseflamme richten. Das ent-

---

wenden daher Rohre von kleineren Abmessungen; der zur Auswage bestimmte Rohrteil wiegt höchstens 12—13 g. Die Länge unserer Rohre beträgt etwa 16 cm. Der innere Durchmesser soll etwa 1 cm betragen. Das Rohr ist an einem Ende länglich erweitert und so dimensioniert, daß das aufzuschließende Mineral auch mit den Zuschlägen bequem Platz findet.

[82]) Es ist ratsam, dieses Gemisch vor dem Gebrauch in einem Porzellantiegel durch starkes Erhitzen von Wasser und Kohlensäure zu befreien. Das Bleioxyd dient zur Bindung flüchtiger Bestandteile wie Cl, F, SO_2 usw., das Bleisuperoxyd dient als Aufschlußmittel und zur Oxydation des sich allenfalls aus dem Wasser bildenden Wasserstoffs, der nach der Gleichung $2FeO + H_2O = Fe_2O_3 + 2H$ in der Glühhitze gebildet wird und entweichen würde.

[83]) Beim Herausnehmen des Trichters ist darauf zu achten, daß das Rohr und die beiden Kugeln nicht durch anhaftendes Gesteinspulver verunreinigt werden.

[84]) Wenn das Gestein **Glimmer, Talk, Topas, Staurolith** und andere Minerale enthält, welche das Wasser schwer abgeben.

weichende Wasser sammelt sich in den beiden Kugeln des Röhrchens, welche man zweckmäßig während der Ausführung des Versuches mit nassen Leinwandstreifchen kühlt. Etwa vorhandene Kohlensäure fließt, da sie schwerer als Luft ist, durch das geneigte Rohr durch die Kapillare fort. Wenn alles Wasser ausgetrieben ist, schmilzt man durch vorsichtiges Drehen das Rohr dicht vor der ersten Kugel zu[85]) und läßt es langsam erkalten, nachdem man das Rohr mit einem Stopfen gut verschlossen hat.

Den äußerlich gut getrockneten Rohrteil bringt man zur Wage, entfernt den Stopfen und wägt. Hierauf erwärmt man es gelinde und saugt mittels eines langen, bis an das Ende reichenden Glasrohres neuerlich Luft durch das Rohr, bis alles Wasser vertrieben ist. Man wäscht mit etwas Alkohol und Äther und trocknet, mit der Öffnung nach unten, etwa eine Stunde im Trockenschrank; nach dem Erkalten, währenddessen das Rohr wieder mit dem Stopfen verschlossen bleibt, wägt man von neuem und findet durch Differenz das Gesamtwasser, von welchem das bei 110° entweichende Wasser abzuziehen ist.

Die Methode erfordert, wenn alle Gerätschaften vorbereitet sind, nicht mehr als eine Stunde Zeit.[86])

22. Gesamtschwefel, Zirkonium, Barium, Chrom und seltene Erden.

Diese Bestandteile des Gesteines werden nach H. S. Washington und W. F. Hillebrand zweckmäßig in einer einzigen Probe bestimmt. Bei einiger Übung, und wenn man die Volumina der jeweiligen Flüssigkeitsmengen klein

[85]) Das Abschmelzen läßt sich beschleunigen, wenn man mit einem Glasstab die genügend erweichte Röhre kurz eindrückt. Der Glasstab darf aber nur kurze Zeit in die Flamme gehalten werden, da er sonst mit dem Rohr zusammenschmelzen würde.

[86]) Über eine neue Titrationsmethode zur Bestimmung kleinster Wasser- und Kohlensäuremengen in Silikaten siehe E. Dittler und H. Hueber, Z. anorg. u. allgem. Chem. 195, 41, 1931 und 199, 17, 1931.

hält, kann dieser Teil der Analyse in kurzer Zeit sehr gut neben dem Hauptgang ausgeführt werden.

Der Gang der Operationen ist kurz folgender: Im wässerigen Auszug einer Sodaschmelze wird der Schwefel und allenfalls das Chrom bestimmt. Im Rückstand des wässerigen Auszuges befinden sich das Barium, die Zirkonerde und die Gesamtmenge der seltenen Erden. Der Rückstand wird zur Trennung des Bariums mit Schwefelsäure behandelt; im Filtrat befinden sich das Titan und Zirkon. Nach Oxydation des Titans zu Pertitansäure fällt man in der stark sauren Lösung das Zirkonium als Phosphat. Im Filtrat hievon befinden sich die seltenen Erden.[87])

1 g des Gesteinspulvers — bei Berücksichtigung der seltenen Erden 2 g — werden in einem geräumigen und gewogenen Platintiegel mit der sechsfachen Menge schwefel- und wasserfreiem Natriumkarbonat unter Zusatz von einem halben Gramm chemisch reinen Kalisalpeters[88]) innigst gemischt und vorsichtig erhitzt, bis die nitrosen Dämpfe verschwunden sind, indem man den Tiegel zum Schutze gegen schwefelhaltige Flammengase in die Öffnung einer schräg liegenden (Luftzutritt!) Asbestplatte stellt. Zum Schlusse erhitzt man über einem Mekerbrenner bis zum klaren Schmelzfluß, entfernt die erkaltete Schmelze aus dem Tiegel, wie bei der Kieselsäure angegeben, löst unter Zusatz einiger Tropfen Alkohol in Wasser, erhitzt zum Sieden, um allenfalls gebildetes Manganat (grün) zu reduzieren, dekantiert, filtriert durch ein kleines Filter und wäscht mit 1%iger Natriumkarbonatlösung, bis einige Tropfen des Filtrates nach dem Ansäuern mit Salzsäure, mit Bariumchloridlösung geprüft, keine Schwefelsäurereaktion mehr geben. Durch das Waschen mit Natriumkarbonat wird das trübe Durch-

---

[87]) Eine quantitative Trennung und Analyse der seltenen Erden ist nur mittels röntgenspektrographischer Methoden möglich; siehe A. Hadding, Mineralanalyse nach röntgenspektroskopischer Methode, Z. anorg. u. allgem. Chem. **122**, 195, 1923.

[88]) Zur Oxydation vorhandener Sulfide.

laufen (Hydrolyse und Rückzersetzung des Natriumzirkoniates) verhindert.

Der gesamte Schwefel nebst Chrom finden sich nun im Filtrat als Natriumsulfat bzw. Natriumchromat, während Kieselsäure und Barium mit Zirkonium als Natriumsilikat bzw. Karbonate auf dem Filter zurückbleiben. Auch die Oxyde der seltenen Erden finden sich im Rückstand.

1. Behandlung des Filtrates (Schwefel, allenfalls Chrom[89]): Ist Chrom vorhanden — gewisse Basalte, Peridotite und Pyroxenite können bis einige Zehntel Prozente Chrom führen —, so ist das Filtrat vom Sodaaufschluß gelb gefärbt (s. S. 65). Gewöhnlich ist dies aber nicht der Fall und man kann gleich zur Bestimmung des Gesamtschwefels übergehen. Das Filtrat, das nicht mehr als 150—250 ccm betragen soll, wird in einem Becherglas mit 2—3 Tropfen Methylorangelösung und hernach mittels Tropfröhre mit so viel Salzsäure versetzt, daß eine schwache Rotfärbung entsteht. Die Flüssigkeit wird zum Sieden erhitzt und mit einer heißen, frisch bereiteten Bariumchloridlösung (1 g in 25 ccm Wasser) der Gesamtschwefel des Gesteines ausgefällt. Man läßt absitzen, filtriert den Niederschlag nach 12stündigem Stehen, wäscht chlorfrei aus, verascht vorsichtig und wägt als $BaSO_4$. Nach dem Wägen wird man den Glührückstand mit einem Tropfen konzentrierter Schwefelsäure und 1 ccm Flußsäure abrauchen und so von allenfalls mitgerissener Kieselsäure befreien:

$$BaSO_4 . 0{,}1373 = S, \qquad BaSO_4 . 0{,}3430 = SO_3 .$$

Sind im Gestein neben Sulfiden auch sulfatführende Silikate (Nosean, Hauyn, usw.) vorhanden, so wird sämtlicher Schwefel zunächst auf SO_3 berechnet und der in einer Sonderprobe bestimmte SO_3-Gehalt davon abgezogen; der Rest ist dann Sulfidschwefel. Sind hingegen SO_3-führende

[89]) Außer Schwefel-, Chrom- und Kieselsäure kann das Filtrat auch noch Vanadin-, Molybdän-, Phosphor-, Arsen- und Wolframsäure enthalten (granitische Gesteine der Zinnsteinpneumatolyse).

Minerale nicht vorhanden, so wird aller Schwefel in der Analysentabelle als Sulfidschwefel angegeben.[90])

2. Behandlung des Rückstandes (Ba, Zr). Den Rückstand spült man mit 5%iger heißer Schwefelsäure möglichst quantitativ in ein kleines Bechergläschen, digeriert längere Zeit in der Wärme und filtriert dann durch das ursprüngliche Filter. Das Filtrat soll nicht mehr als 50 ccm betragen. Es hinterbleibt nur Bariumsulfat, während fast alles Zirkonium als Sulfat in Lösung geht. Das Bariumsulfat wird nach dem Waschen in bekannter Weise naß verbrannt und durch Abrauchen mit Schwefel- und Flußsäure von allenfalls mitgerissener Kieselsäure befreit. Der geglühte $BaSO_4$-Niederschlag enthält auch Calcium- und Strontiumsulfat und muß zur Bestimmung des Bariums gereinigt werden.[91]) Siehe S. 64.

Die schwefelsaure Lösung, welche neben Aluminium, Eisen und Titan alles Zirkonium als Sulfat enthält, wird mit konzentrierter Schwefelsäure derart versetzt, daß sie etwa 10% daran enthält.[92]) Die Mitfällung des Titans als Phosphat wird verhindert, wenn man dasselbe vorher durch Zusatz von 5 ccm 4%igem Wasserstoffsuperoxyd zu Pertitansäure oxydiert hat. Man fügt nun eine Lösung von 1 g Dinatriumphosphat in 10 ccm Wasser gelöst hinzu und fällt das Zirkonium bei einer Temperatur von etwa 40—50° C als Phosphat aus. Aluminium und Eisen werden in der stark sauren

---

[90]) Da im Mineral Pyrit 2 S einem O äquivalent ist, so hat man von der Analysensumme so viel Sauerstoff in Abrechnung zu bringen, als dem sulfidischen Schwefel S_2 entspricht.

[91]) Bei größeren Mengen Zirkonerde ist es ratsam, das hinterbleibende Bariumsulfat nach dem Abrauchen mit Schwefel–Flußsäure nochmals mit starker Schwefelsäure (1:1) in der Hitze zu behandeln, um allenfalls zurückgebliebenes, schwer lösliches, basisches Zirkonsulfat in Lösung zu bringen.

[92]) Die Fällung des Zirkoniums erfolgte früher aus 1%iger Schwefelsäure. Nach H. S. Washington ist die Fällung aber nur vollständig, wenn die Lösung mindestens 10 Gewichtsprozente konzentrierter Schwefelsäure enthält.

Lösung nicht mit ausgefällt. Nach 24—48stündigem Stehen im verschlossenen Erlenmeyerkölbchen dekantiert man durch ein kleines Filter, wäscht den Niederschlag mit einer 5%igen Lösung von Ammoniumnitrat, um die Hydrolyse des gebildeten Zirkoniumphosphates zu verhindern, bis alle überschüssige Phosphorsäure entfernt ist und glüht in einem kleinen Platintiegel etwa 15 Minuten über einem Mekerbrenner bis zur Gewichtskonstanz: $ZrP_2O_7 \cdot 0{,}0432 = ZrO_2$.

Das Filtrat wird für die Bestimmung der seltenen Erden verwendet.[93])

Ist der geglühte Niederschlag gering, so kann man hier die Operationen beenden. Liegt aber eine größere Menge ZrP_2O_7 vor, so enthält derselbe vermutlich Verunreinigungen.

Den geglühten Niederschlag reinigt man durch Schmelzen mit ein wenig Natriumkarbonat von anhaftenden Spuren Titan-, Eisen- und Aluminiumphosphat. Die Schmelze wird mit Wasser ausgelaugt, das Unlösliche auf einem kleinen Filter gesammelt und mit etwas Ammonnitrat gewaschen. Das Filterchen wird eingeäschert, abermals mit etwas Soda-Borax (10:2) geschmolzen, die Schmelze in wenig 20%iger Schwefelsäure gelöst und die Fällung nach neuerlichem Zusatz von einigen Tropfen 4%iger Wasserstoffsuperoxydlösung zur Oxydation des Titans mit einigen Tropfen Dinatriumphosphat wiederholt. Nach 1—2tägigem Stehen wird das nun titanfreie Zirkonphosphat, wie oben beschrieben, filtriert und zu ZrP_2O_7 verglüht.[94])

Die gefundene Menge ZrO_2 ist von der Summe der Sesquioxyde (S. 15) in Abzug zu bringen.

---

[93]) Über ihre Bestimmung siehe die Spezialwerke, z. B. R. B. Moore, Die chemische Analyse der seltenen Erden, Leipzig 1927 und H. S. Washington, The Chemical Analysis of Rocks, New York 260, 1930; ferner V. M. Goldschmidt, Lit.-Verz., S. 112.

[94]) Es ist zweckmäßig und erhöht die Sicherheit des Nachweises, wenn man die durch eine Natriumkarbonatschmelze von Phosphorsäure befreite Zirkonerde nach kurzem Aufschmelzen mit Soda-Borax mittels Natriumalizarinsulfonates identifiziert (charakteristische nelkenrote Färbung).

Bei atlantischen Gesteinen mit hohem Natrongehalt wird man auch wenigstens die Gesamtsumme der seltenen Erden bestimmen wollen. Dieselben finden sich im Filtrat des Zirkoniumphosphates. Man versetzt nach starkem Eindampfen zunächst mit Kalilauge, um das Aluminium in Lösung zu halten und fällt das Eisen, Titan und die seltenen Erden. Die Fällung wird in einem Platinschälchen mit Fluorwasserstoffsäure behandelt. Eisen und Titan gehen als Fluoride in Lösung; die unlöslichen Fluoride der seltenen Erden werden in einem Filterchen gesammelt und in einem kleinen Platinschälchen geglüht, der Glührückstand mit Schwefelsäure abgeraucht, die Sulfate in schwefelsäurehaltigem Wasser gelöst und mit Ammoniak gefällt. Die Hydroxyde werden nochmals in Salzsäure gelöst, als Oxalate gefällt und durch Glühen in Oxyde übergeführt.

3. Bestimmung des Bariums. Das geglühte und von Kieselsäure befreite Bariumsulfat mit kleinen Mengen Ca- und Strontiumsulfat wird zur Reinigung mit 0,5—1 g Natriumkarbonat aufgeschlossen, die Schmelze mit Wasser behandelt, die Karbonate werden abfiltriert und nach dem vollständigen Auswaschen mit Wasser auf dem Filter in verdünnter heißer Salzsäure (1:5) gelöst.

Nach gründlichem Auswaschen wird die Lösung, um eine Mitfällung von Calcium- und Strontiumsulfat zu verhindern, mit Wasser auf etwa 150 ccm verdünnt und das Barium heiß mit Schwefelsäure gefällt; nach längerem Stehen wird es abfiltriert und im Platintiegel naß verbrannt, geglüht und gewogen.[95])

$$BaSO_4 \cdot 0{,}6570 = BaO.$$

---

[95]) Der für Barium erhaltene Wert kann in einer Sondereinwage auf folgende Weise kontrolliert werden:

Man schließt 2 g des fein gepulverten Gesteines in einer kleinen Platinschale mit 10 ccm Schwefelsäure 1:1 und ebensoviel ccm chemisch reiner, 40% Flußsäure unter ständigem Rühren mit einem Platinspatel vorsichtig auf, bis weiße Dämpfe von SO_3 weggehen. Nach dem Abkühlen werden neuerdings je 5 ccm Schwefelsäure und Flußsäure derselben Konzentration zugesetzt und die Operation wiederholt, um sicher zu sein, daß alle Kiesel-

4. Bestimmung des Chroms. Hat man auch das Chrom zu bestimmen, so dampft man das Filtrat vom Sodaaufschluß noch vor der Fällung des Schwefels auf weniger als 100 ccm ein und gibt das Konzentrat je nach der Tiefe der Farbe in ein Meßkölbchen von 25, 50 oder 100 ccm. Die Vergleichslösung wird hergestellt durch Auflösen von 0,25525 g Kaliumchromat in 1 Liter Wasser. Die Lösung enthält in 1 ccm 0,0001 g Cr_2O_3. Die Ausführung der Bestimmung geschieht wie bei Titan kolorimetrisch. Um die Lösung haltbarer zu machen, fügt man eine Spur Natriumkarbonat hinzu. Sind größere Mengen Chrom vorhanden, so ist es besser, dasselbe in einer Sonderportion von 2 g zu ermitteln, indem man die Probe mit der 4—5fachen Menge Natriumkarbonat aufschließt, die wässerige Lösung der Schmelze mittels einiger Tropfen Alkohol entfärbt (Manganat), stark eindampft, im Meßkolben auf ein bestimmtes Volumen auffüllt und kolorisiert oder mittels Natriumthiosulfat titriert.

---

säure entfernt ist. Man dampft jedesmal zur vollständigen Trockne, um alle Silikofluoride zu zerstören. Der unlösliche Rückstand, der nebst Bariumsulfat auch basische Sulfate des Aluminiums und viel Calciumsulfat enthält, wird mit 5%iger Schwefelsäure aufgenommen, einige Zeit in der Wärme digeriert und vom Ungelösten abfiltriert. Nach gutem Auswaschen bis zur Entfernung der SO_4-Reaktion, verascht man das Filterchen im Pt-Tiegel und schließt mit der 6fachen Menge wasserfreier Soda-Boraxmischung auf, bis die Schmelze durch etwa 10 Minuten einen klaren Fluß bildet. Die erkaltete Schmelze wird mit Wasser ausgelaugt und vom Ungelösten (Bariumkarbonat) durch ein Barytfilterchen abfiltriert. Nach gründlichem Auswaschen mit 2,5%iger Sodalösung bis zur vollständigen Entfernung der SO_4-Reaktion wird das Bariumkarbonat mit verdünnter Salzsäure vom Filter gelöst und im Filtrat mit Ammoniak von den letzten Spuren Tonerde und Eisen befreit. Nach Entfernung dieser wird das Barium siedend heiß gefällt. Da das so erhaltene Bariumsulfat immer etwas Calcium mit einschließt, löst man den Niederschlag nochmals in konzentrierter Schwefelsäure und verdünnt nun stark mit Wasser, wodurch sich das Bariumsulfat nun gänzlich calciumfrei abscheidet. Man prüft den geglühten Niederschlag nach dem Lösen in konzentrierter Schwefelsäure spektroskopisch auf Barium.

Strontium verhält sich dabei wie Calcium, d. h. beide Elemente fallen als Sulfate nur bei Gegenwart von Alkohol aus.

23. Sulfatschwefel: SO_3.

Der Schwefel findet sich in den Gesteinen als Sulfid- und Sulfatschwefel. Als Sulfatschwefel gebunden hauptsächlich an Feldspatvertreter (Sodalith, Nosean, Hauyn usw.), als Sulfidschwefel an Pyrit und Magnetkies.

Den Sulfatschwefel bestimmt man am besten in einer eigenen Einwage von etwa 1—2 g. Man bringt das feinst zerriebene Pulver der Probe in ein Becherglas von 250 ccm und erwärmt mit 50 ccm verdünnter Salzsäure (1:5). Hat die mikroskopische Untersuchung die Anwesenheit von Magnetkies und Pyrit festgestellt, von welchen der letztere durch Erhitzen bei Luftzutritt Oxydation zu Ferrosulfat erleidet, so muß die Behandlung mit Salzsäure in einem Erlenmeyerkölbchen in einem Kohlensäurestrom vor sich gehen und es muß dafür gesorgt werden, daß schon vor dem Erhitzen alle Luft durch Kohlensäure vertrieben ist. So bleibt der Pyrit unangegriffen; der Magnetkies wird unter Abgabe von Schwefelwasserstoff zersetzt, wobei stets etwas Schwefelausscheidung beobachtet wird; diese braucht aber nicht weiter berücksichtigt zu werden. Nachdem man etwa 30 Minuten zum Sieden erhitzt hat, fällt man im Filtrat, dessen Volumen zur Vermeidung des Ausfallens von Kieselsäure etwa 200 ccm betragen soll, in der Siedehitze mit Bariumchlorid, läßt eine Stunde stehen, filtriert, wäscht, trocknet und verbrennt das Filter, glüht etwa 5—10 Minuten über dem Mekerbrenner und wägt den Rückstand. Ist das Gestein eisenreich, so würden gleichzeitig mit dem Bariumsulfat nicht unerhebliche Mengen von Eisen mitgerissen werden und das Gewicht des ersteren erhöhen. Der Glührückstand ist dann rötlich gefärbt. Um dies zu vermeiden, fällt man entweder zunächst das Eisen nach seiner Oxydation durch Wasserstoffsuperoxyd mittels Ammoniak (doppelte Fällung) aus und fällt den Schwefel erst im nötigenfalls eingedampften Filtrat oder einfacher, man übersättigt zunächst die Lösung mit Ammoniak, fügt zu der heißen, durch den Eisenoxydniederschlag braun gefärbten Lösung siedend heiße Bariumchloridlösung hinzu und macht jetzt von neuem stark salzsauer, wodurch sich das Eisen wieder vollständig löst. Das abfiltrierte Bariumsulfat ist nach dem Glühen nun eisenfrei und rein weiß. Gegen eine Verunreinigung durch mitgerissene Kieselsäure schützt man sich durch Abrauchen des Glührückstandes mit wenigen Tropfen Schwefel- und Flußsäure.

$$BaSO_4 \,.\, 0{,}3430 = SO_3.$$

Die Differenz Gesamtschwefel (S. 61) minus SO_3 ergibt den Sulfidschwefel.

24. Chlor.

Das Chlor findet sich in den Gesteinen an folgende Minerale gebunden: Sodalith, Hauyn, Apatit und Skapolith; die ersten drei Minerale sind durch Salpetersäure zerlegbar, nicht hingegen der Skapolith.

1. Im ersten Falle erhitzt man 1—2 g des sehr fein zerriebenen Gesteinspulvers nach dem Anfeuchten mit wenig Wasser in einer kleinen Platinschale mit Cl-freier, verdünnter Salpetersäure (1:20) derart, daß eine vollständige Zersetzung des Gesteines erfolgt. Nach dem Lösen der allenfalls vorhandenen basischen Nitrate durch Zusatz von einigen weiteren ccm verdünnter Salpetersäure (1:20) wird vom unlöslichen Niederschlag (Calciumfluorid und Quarz) in einen Meßkolben von 100 ccm abfiltriert und das Filter gut ausgewaschen; 50 ccm hievon können zur Bestimmung oder Kontrolle des Mangans oder der Phosphorsäure verwendet werden, in den restlichen 50 ccm fällt man nach dem Verdünnen mit Wasser (Salpetersäurekonzentration etwa 1:20) das Chlor in der Wärme durch tropfenweisen Zusatz von 5%iger Silbernitratlösung und bestimmt es als Chlorsilber; ein Überschuß an Silbernitrat ist zu vermeiden. Man läßt zur Klärung der Lösung über Nacht stehen, saugt die klare Flüssigkeit durch einen gewogenen Glasfiltertiegel und wäscht das erhaltene Chlorsilber mit kaltem, salpetersäurehaltigem Wasser unter Dekantieren aus, bis ein Tropfen

des Waschwassers mit verdünnter Salzsäure kein Silber mehr anzeigt. Der Tiegel wird bei 130° getrocknet und gewogen.[97])

2. In skapolithführenden Gesteinen oder wenn der Aufschluß mit Salpetersäure nicht gelingt, schließt man 1 g des Gesteinspulvers am besten durch Schmelzen mit der 5—6fachen Menge Cl-freiem Natriumkarbonat auf, laugt nach dem Erkalten des Tiegels mit destilliertem Wasser aus, säuert das Filtrat mit Salpetersäure schwach an, läßt über Nacht stehen und fällt, wenn die Lösung klar geblieben ist, wie oben das Chlor durch Silbernitrat. Eine Abscheidung von Kieselsäure ist bei Anwendung von 1 g Substanz beim Ansäuern durch Salpetersäure nicht zu befürchten. Scheidet sich aber beim Stehen über Nacht doch etwas Kieselsäure aus, so fügt man ein wenig Ammoniak hinzu, kocht auf, filtriert und fällt in dem mit Salpetersäure wieder angesäuerten, nun klaren Filtrat das Chlor als Chlorsilber aus.

Das gefundene Chlorsilber rechnet man durch Multiplikation mit 0,2474 auf Chlor um. Bei der Analysenberechnung muß soviel Sauerstoff, als dem gefundenen Chlor äquivalent ist, in Abrechnung gebracht werden: $Cl_2 = 1\,O$.

25. Fluor.

In den Gesteinen ist der Fluorgehalt vor allem auf Apatit, seltener auf Turmalin (bis 1%) zurückzuführen, zuweilen kommen Glimmer (bis 2% F), gewisse Hornblenden und Fluorit in Frage. Durchschnittlich beträgt der Fluorgehalt in Gesteinen höchstens 0,1—0,2%.

Aus dem P_2O_5-Gehalt eines Gesteines läßt sich der Fluorgehalt approximativ berechnen, doch werden die so gewonnenen Zahlen immer etwas zu niedrige Werte ergeben und können nur zur Kontrolle dienen.[98])

---

[97]) Zur Reinigung des Tiegels von Silberchlorid füllt man ihn zur Hälfte mit Salzsäure und legt ein Stückchen Zink in den Tiegel; es bildet sich schwammiges Chlorsilber, das sich mechanisch leicht entfernen läßt.

[98]) 0,40% P_2O_5 im Gestein entsprechen, auf Apatit verrechnet, einer Fluormenge von 0,03%.

Bevor man sich der Mühe einer quantitativen Fluorbestimmung unterzieht, ist es ratsam, das Gesteinspulver zunächst qualitativ auf Fluor zu prüfen. Das allgemein geübte Aufschmelzen mit Kaliumbisulfat im offenen Glasröhrchen und die hiebei auftretende Entwicklung von Fluorwasserstoffsäure ist nur bei Mineralien mit viel Fluor erfolgversprechend. Für Gesteine eignet sich die Benzidinprobe nach F. Feigl und H. Leitmeier[99]): Man mischt das sehr fein gepulverte Gestein mit der doppelten Menge Quarzpulver oder fluorfreiem Seesand — wenn das Gestein selbst genügend Quarz enthält, kann ein solcher Zusatz unterbleiben — setzt einige Tropfen konzentrierter Schwefelsäure hinzu und erwärmt bis zum Auftreten von Schwefelsäuredämpfen, wobei sich Siliciumfluorid entwickelt, das in einem Wassertropfen absorbiert, mit Ammonmolybdat und Benzidin (bzw. Alizarin) Blaufärbung ergibt.

Quantitative Fluorbestimmung: Mindestens 1 g, besser 2 g des Gesteinspulvers werden mit etwa 10 g Natriumkarbonat bei mäßiger Hitze im Platintiegel aufgeschlossen; so geht der größte Teil der Kieselsäure und alles Fluor in die Schmelze, während das Calcium in Calciumkarbonat übergeführt wird. Das Erhitzen der Mischung muß sehr langsam geschehen, weil sonst wegen der heftigen Kohlendioxydentwicklung die Masse leicht überschäumt. Die geschmolzene, dünnflüssige Masse verwandelt sich bald in einen dicken Teig oder sintert auch nur etwas zusammen. Durch Steigern der Hitze läßt sich die zusammengesinterte Masse kaum mehr schmelzen, was auch nicht nötig ist. Man soll sogar ein zu starkes Erhitzen vermeiden, da durch Verflüchtigung der Alkalifluoride leicht Verluste stattfinden. Die Beendigung des Aufschlusses erkennt man an dem Aufhören der Kohlendioxydentwicklung. Nach dem Erkalten wird die Masse durch 24 Stunden mit etwa 200 ccm kaltem Wasser aus-

---

[99]) Siehe die genaue Ausführung bei F. Feigl und H. Leitmeier, Min. u. petrogr. Mitteil. XL. Bd. 10. 1930.

gelaugt[100]) und nachdem man den Rückstand mit einem Achatpistill genügend zerkleinert hat, vier- bis fünfmal dekantiert. Das alkalische Filtrat, welches alles Fluor als Natriumfluorid und viel Kieselsäure enthält, wird von letzterer durch Versetzen mit 4 g Ammonkarbonat[101]) getrennt. Man erwärmt längere Zeit bei etwa 40° C, am besten über Nacht, setzt noch ein weiteres halbes Gramm Ammonkarbonat hinzu, filtriert den voluminösen Niederschlag von Kieselsäure, Tonerde usw. in eine geräumige Platinschale ab und wäscht mit kaltem, ammonkarbonathaltigem Wasser gründlich aus.

Das Filtrat, welches immer noch geringe Mengen Kieselsäure enthält, verdampft man zur Zerstörung des überschüssigen Ammonkarbonates auf dem Wasserbade fast zur Trockne[102]), verdünnt etwas mit Wasser, fügt einige Tropfen Phenolphthalein hinzu, wobei die Lösung sich rot färbt, und hierauf verdünnte, etwa 2 n-Salpetersäure, bis die Lösung eben wieder farblos scheint. Nun erhitzt man zum Sieden, wobei die Lösung sich wieder rot färbt; nach dem Erkalten entfärbt man sie wieder durch sorgfältigen Zusatz von einigen Tropfen Salpetersäure. Man wiederholt diese Operation so lange, bis auf Zusatz von etwa 1—1,5 ccm 2n-Salpetersäure die rote Lösung eben entfärbt bleibt. Diese Operation führt man am besten in einer Platinschale aus; sie kann aber auch unbedenklich in einer Berliner Porzellanschale vorgenommen werden.[103])

---

[100]) Erhitzen erzeugt Verluste von Fluor.

[101]) Bevor man Ammonkarbonat zusetzt, neutralisiert man den größten Teil des Alkalikarbonats mit verdünnter Salzsäure, hütet sich aber ängstlich vor dem Ansäuern der Lösung, weil sonst Kieselsäure ausgeschieden und das Fluor als Fluorwasserstoff flüchtig würde.

[102]) Hiebei braust die Flüssigkeit stark auf, indem das Ammonkarbonat sich unter Entwicklung von Kohlendioxyd zersetzt; man bedeckt daher die Schale anfangs mit einem Uhrglase und entfernt es erst, nachdem kein Aufbrausen mehr stattfindet.

[103]) Diese Operationen haben folgenden Zweck: Einerseits muß die Lösung ammonsalzfrei werden, was durch Zusatz von Salpetersäure geschieht, andererseits darf die Lösung auf keinen Fall sauer werden, da sich

Man versetzt die Lösung zwecks vollständiger Entfernung der letzten Spuren Kieselsäure mit 1—2 ccm ammoniakalischer Zinkoxydlösung[104]), erhitzt bei 40° C, bis das Ammoniak und die Kohlensäure **vollständig** vertrieben sind[105]) und filtriert den aus Zinksilikat und Zinkhydroxyd bestehenden Niederschlag; man wäscht einige Male mit Wasser aus, erhitzt hierauf das **ammonsalzfreie** Filtrat zum Sieden, fällt das Fluor mit überschüssigem Chlorcalcium, wäscht mit heißem Wasser aus, filtriert und behandelt den aus Calciumfluorid und Calciumkarbonat bestehenden Niederschlag nun weiter wie folgt[106]):

Man bringt den aus Calciumfluorid und Calciumkarbonat bestehenden Niederschlag, und zwar soviel als möglich hievon in einen größeren Platintiegel, äschert das Filter für sich ein, fügt die Asche der Hauptmasse hinzu und glüht

---

sonst Kieselsäure ausscheiden und Fluorwasserstoff verflüchtigen würde. Dies wird durch Benutzung eines Indikators, in diesem Falle Phenolphthalein, bewerkstelligt. Entfärbung tritt nämlich immer dann ein, wenn aus dem Ammonkarbonat Bikarbonat gebildet wird. Durch das Sieden wird Ammonnitrat verflüchtigt und gleichzeitig das Bikarbonat wieder in primäres Karbonat verwandelt. Durch Fortsetzung dieser Operation wird schließlich das gesamte Ammonkarbonat zerstört und die Lösung ammonsalzfrei.

[104]) Zur Bereitung der ammoniakalischen Zinkoxydlösung löst man feuchtes, reines Zinkhydroxyd in konzentriertem Ammoniak auf und verschließt in einem gut verkorkten Kolben. Das Zinkhydroxyd wird am besten dargestellt durch Lösen von chemisch reinem Zink in Salzsäure, Fällen mit Kalilauge, Filtrieren und Waschen des Niederschlages.

[105]) Wird das Ammoniak hier nicht vollständig vertrieben, so geht das Zinkhydroxyd wieder in Lösung.

[106]) Die Gegenwart kleiner Mengen Phosphorsäure und allenfalls Chromsäure braucht nicht weiter berücksichtigt zu werden; bei größeren Mengen dieser Säuren entfernt man vor der Fällung mit Calciumchlorid die beiden Säuren durch tropfenweise Zugabe von Silbernitrat und den Überschuß an Silbernitrat mittels Natriumchlorid. Nach Zusatz von etwas Alkalicarbonat bis zur alkalischen Reaktion und schwachem Erwärmen kann filtriert und die Lösung, wie oben angegeben, weiter verarbeitet werden.

einige Minuten bei Rotglut, bis die Substanz rein weiß geworden ist.[107]) Nach dem Erkalten übergießt man die Masse mit verdünnter Essigsäure tropfenweise derart, daß der Kalk gerade in Calciumazetat verwandelt, das Calciumfluorid aber nicht merklich angegriffen wird und in der Lösung suspendiert bleibt[108]); man verdampft im Wasserbade zur Trockne. Die trockene Masse nimmt man mit Wasser auf, filtriert durch ein Blaubandfilter, wäscht mit essigsäurehaltigem Wasser gut aus und trocknet. Dann bringt man von dem getrockneten Niederschlag soviel wie möglich in den bereits benutzten Platintiegel, äschert das Filter für sich ein, fügt die Asche der Hauptmasse im Tiegel zu, glüht schwach[109]) über einem Bunsenbrenner und wägt. Zur Kontrolle (Verunreinigung durch Calciumphosphat!) raucht man das Calciumfluorid nach dem Wägen mit möglichst wenig überschüssiger, konzentrierter Schwefelsäure sorgfältig ab, glüht schwach und wägt das Calciumsulfat.

$$CaF_2 . 0{,}4867 = F_2;\ 1\ g\ CaF_2 \text{ liefert } 1{,}7434\ g\ CaSO_4 .$$

Wegen der Löslichkeit des Calciumfluorides in Wasser bzw. Essigsäure sind die erhaltenen Werte ein wenig zu niedrig. Sind sie zu hoch, so ist noch etwas Kieselsäure zugegen.

In der Analyse muß so viel Sauerstoff in Abrechnung gebracht werden, als dem Fluor entspricht: $F_2 = 1 O$.

Für die sehr kleinen Mengen Fluor, wie sie in Eruptivgesteinen angetroffen werden, hat G. Steiger[110]) eine kolorimetrische Methode ausgearbeitet.

---

[107]) Durch das Glühen des Niederschlages wird das Calciumfluorid dichter und leichter filtrierbar.

[108]) Ein Überschuß an Essigsäure löst auch CaF_2.

[109]) Starkes Glühen über dem Gebläse erzeugt Verluste. Ebenso kann das Glühen des Niederschlages samt dem Filter eine gänzliche Verflüchtigung des Fluors zur Folge haben!

[110]) G. Steiger, Journ. Am. Chem. Soc. **30**, 219, 1908; siehe auch H. S. Washington, loc. cit., S. 266.

26. Kohlensäure.

Die Bestimmung der Kohlensäure in Gesteinen mit größeren Mengen hievon (1% CO_2 und mehr), erfolgt fast ausschließlich durch Austreiben mit Salzsäure.

Qualitative Probe.

Die Anwesenheit von Kohlensäure in einem Silikatgestein deutet meist auf eine mehr oder weniger starke Zersetzung, worauf schon bei der Auswahl der Analysenprobe Rücksicht zu nehmen ist. Man erwärmt daher zur Prüfung auf Kohlensäure das grob gepulverte Gesteinspulver im Reagenzglas mit etwas Wasser, um die anhaftende Luft zu vertreiben, welche sonst leicht für Kohlensäure gehalten werden könnte, fügt einige ccm verdünnte Salzsäure hinzu und erwärmt gelinde. Falls das Aufbrausen nicht deutlich genug erfolgt, kann das Vorhandensein der Kohlensäure leicht durch einen mit Barytwasser befeuchteten Glasstab oder mittels folgenden einfachen Apparates nachgewiesen werden: Das Reagenzrohr, in dem sich die auf Kohlensäure zu prüfende Substanz befindet, wird durch einen Kork, durch den ein zweimal gebogenes Glasrohr führt, mit einem zweiten Reagenzglas, in dem sich 2 ccm frisches Barytwasser befinden, fest verbunden. Das Rohr reicht bis an die Oberfläche des Barytwassers, taucht aber nicht in die Flüssigkeit ein. Der Kork des zweiten Reagenzglases enthält einen Ausschnitt, um die durch das Kohlendioxyd verdrängte Luft entweichen zu lassen. Bei Anwesenheit von CO_2 trübt sich das im zweiten Reagenzglas befindliche $Ba(OH)_2$ durch ausgeschiedenes $BaCO_3$.

a) Quantitative Bestimmung der Kohlensäure nach H. und W. Biltz.

Der Zersetzungskolben *A* (etwa 300 ccm) trägt in einem schwach gefetteten Schliffe einen senkrechten Kugelkühler, an den oben ein Tropftrichter angeschmolzen ist, der seinerseits durch einen Stopfen mit einem Natronkalkrohre *F* verschlossen wird (Abb. 3). Das untere, verjüngte Ende des Tropftrichters reicht bis in den Zersetzungskolben; unten ist dieses Rohr ausgezogen und zu einer kleinen Schleife gebogen, damit ein Aufsteigen von Gasblasen im Rohre verhindert wird; das offene Ende der Schleife berührt fast den Boden des

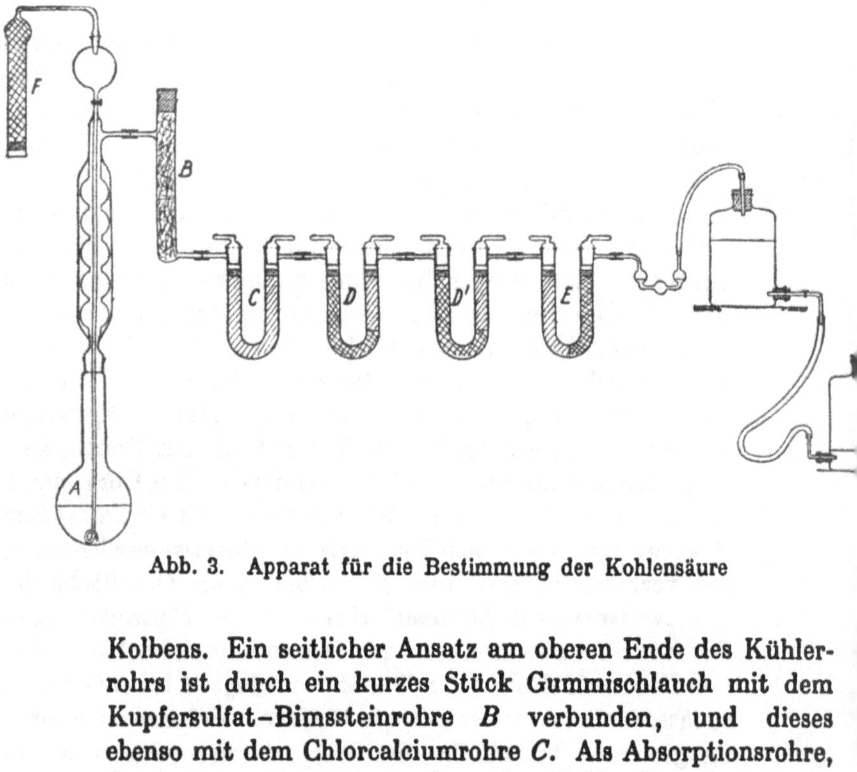

Abb. 3. Apparat für die Bestimmung der Kohlensäure

Kolbens. Ein seitlicher Ansatz am oberen Ende des Kühlerrohrs ist durch ein kurzes Stück Gummischlauch mit dem Kupfersulfat-Bimssteinrohre *B* verbunden, und dieses ebenso mit dem Chlorcalciumrohre *C*. Als Absorptionsrohre, durch deren Gewichtszunahme der Kohlendioxydgehalt ermittelt wird, dienen zwei U-Röhren, *D* und *D'*, die mit Natronkalk und Calciumchlorid beschickt und mit Schliffstopfen verschlossen sind. An das zweite Natronkalkrohr wird ein zur Hälfte mit Natronkalk und Calciumchlorid beschicktes Schutzrohr *E*, und an dieses, über einen mit etwas konzentrierter Schwefelsäure gefüllten Blasenzähler, der als Saugvorrichtung wirkende Aspirator[111]) angeschlossen. Der Kugelkühler dient dazu, den größten Teil der bei der Reaktion entwickelten Wasser- und Salzsäuredämpfe zu verdichten; der Rest des Chlorwasserstoffs und etwa vorhandener Schwefelwasserstoff[112]) wird in *B*, der Rest des Wasserdampfes in *C* zurückgehalten. Bei dieser Anordnung der Apparatur sind Gummiverbindungen tunlichst vermieden; wählt man an den in Frage kommenden Stellen guten, knapp sitzenden Gummischlauch und läßt Glas auf Glas stoßen, so hat man ohne weiteres Gewähr für einen dichten Abschluß des ganzen Systems.

Den Kupfersulfat-Bimsstein für Rohr *B* stellt man sich her, indem man erbsengroße Stücke Bimsstein mit gesättigter Kupfersulfatlösung tränkt, die Mischung unter Umrühren in einer Abdampfschale eintrocknet und schließlich im Trockenschranke auf 150—180° erhitzt, bis alles weiß geworden ist. Die Stücke sind vor Luftfeuchtigkeit geschützt aufzubewahren.

Das gekörnte, entwässerte Calciumchlorid des Handels[113]) enthält regelmäßig basische Chloride. Weil diese Kohlensäure zurückhalten würden, muß man das Calciumchloridrohr *C*, ehe man es benutzt, mit Kohlensäure vorbehandeln. Man leitet etwa 15 Minuten Kohlensäure hindurch und läßt es einige Stunden mit Kohlensäure gefüllt, verschlossen stehen. Dann wird von der einen Seite mit der Wasserstrahl-

---

[111]) Als Aspirator benutzt man die in Fig. 3 skizzierte Vorrichtung, die aus zwei seitlich tubulierten und durch Schlauch verbundenen Glasflaschen von je 5—10 Litern Inhalt besteht. Wasserstrahlpumpen wirken zu ungleichmäßig. Wenn der Aspirator nur zum Ansaugen von Luft verwendet werden soll, genügt ein Hahn oben an der Einsaugstelle der oberen Flasche. Ein an der unteren Flasche vorgesehener Hahn erlaubt die Entnahme von Luft unter Überdruck und ihre Regelung. Bei Anwendung eines Aspirators wird das Erhitzen unter etwas vermindertem Druck ausgeführt und die Substanz gibt Kohlensäure und Wasser leichter ab, als wenn man mit Druckluft arbeitet.

[112]) Viele Gesteine enthalten Sulfide.

[113]) Man prüfe das Präparat durch Erhitzen einer Probe im Reagenzglas, ob es wirklich wasserfrei ist.

pumpe evakuiert, während das andere Ende verschlossen bleibt. Unter Zudrücken des zur Wasserstrahlpumpe führenden Schlauches wird dann von der anderen Seite Luft eingelassen, und das Evakuieren und Lufteinlassen einige Male wiederholt.

Die Absorptionsrohre werden zu drei Vierteln mit porösem Natronkalk und zu ein Viertel mit gekörntem Calciumchlorid in der Weise beschickt, wie es die Figur 3 zeigt; dieses Calciumchlorid hat den Zweck, aus dem Natronkalk durch Kohlendioxyd freigemachtes Wasser zu binden[114]), und braucht daher nicht extra vorbehandelt zu werden. Die Rohre werden bei geschlossenen Hähnen aufbewahrt und auch so gewogen. Das Chlorcalcium in den Absorptionsröhren befindet sich natürlich stets auf der, dem Aspirator zugekehrten Seite. Statt dieser Absorptionsrohre kann man sich auch des Kaliapparates der organischen Elementaranalyse bedienen; zu dessen Beschickung dient eine Kalilauge, die aus 2 Teilen Ätzkali und 3 Teilen Wasser hergestellt und durch Faltenfilter filtriert wurde.

Nachdem man die abgewogene Substanz (von Karbonaten nimmt man 0,5—1 g, von kohlensäureärmeren Gesteinen bis 10 g) in den Kolben gegeben und mit Wasser angerührt hat, saugt man durch den Apparat, an dem vorläufig die beiden Natronkalkröhren *D* und *D'* noch fehlen, durch Kalilauge oder Natronkalk von Kohlensäure befreite Luft in langsamem Strome hindurch (3—4 Blasen in der Sekunde), setzt, wenn anzunehmen ist, daß alles Kohlendioxyd aus dem Apparat vertrieben ist, die beiden gewogenen Natronkalkröhren ein und läßt aus dem Tropftrichter langsam, in mehreren Anteilen, mäßig verdünnte Salzsäure (1:2) in den Kolben fließen; dadurch wird das Karbonat zersetzt und die Kohlensäure entweicht in die Absorptionsapparate.

Ist viel Kohlensäure vorhanden, so läßt man die Säure langsam zufließen, ist aber nur wenig Kohlensäure da, dann

[114]) $CO_2 + 2NaOH = Na_2CO_3 + H_2O$,
$CO_2 + Ca(OH)_2 = CaCO_3 + H_2O$.

läßt man schnell zufließen, um sie quantitativ überzutreiben. Die Geschwindigkeit der Absorption in den Absorptionsgeräten läßt sich in einem Kaliapparate ohne weiteres durch den Augenschein beurteilen; bei Natronkalkröhren hingegen durch die Erwärmung, die das Absorptionsmittel beim Binden des Kohlendioxyds erfährt; die Natronkalkschicht soll nur auf eine Länge von höchstens 2 cm fühlbar warm werden.[115]) Nach jedem Zusatz wird der Hahn rasch geschlossen und die Gasentwicklung durch Umschütteln befördert; wenn dieselbe zu Ende zu gehen scheint, erwärmt man den Kolben einige Zeit (5—10 Minuten) bis fast zum Sieden, wobei für gute Kühlung durch den Kühler zu sorgen ist, und läßt schließlich wieder unter Durchleiten eines CO_2-freien Luftstromes etwa $^1/_4$—$^1/_2$ Stunde erkalten. Die Gewichtszunahme der Natronkalkröhren gibt direkt die Kohlensäuremenge an.

Wenn eine Bestimmung beendet ist, kann nach Säuberung des Zersetzungskolbens sofort eine zweite und so fort in Gang gesetzt werden.

b) Kohlensäure von in Salzsäure schwer aufschließbaren Gesteinen.

Es ist natürlich auch möglich, 1—2 g des Gesteinspulvers in einem Platinschiffchen in einem etwa 24 cm langen Quarzrohr von 1 cm lichter Weite im elektrischen Ofen bis auf 1200° und mehr zu erhitzen und auf diese Weise das chemisch gebundene Wasser sowie die Kohlensäure auszutreiben und wie oben in einer einzigen Portion beide Stoffe zu bestimmen. Nur wird man dann zur Entfernung allenfalls vorhandenen Chlors, Fluors und Schwefels eine lockere Schicht eines aus gleichen Teilen Bleioxyd und Bleisuperoxyd bestehenden Gemenges vorlegen.[116])

[115]) Das zweite der vorgelegten Rohre darf im allgemeinen nur eine sehr geringe Gewichtszunahme zeigen.

[116]) Das Gemenge, das man durch etwas Glaswolle von der zu erhitzenden Substanz trennt, erhitzt man vor der Benützung in einem Porzellantiegel und befreit so von anhaftendem Karbonat. Siehe auch L. H. Borgström, Z. analyt. Chem. 53, 685, 1914.

Das Quarzrohr steht in Verbindung mit einem gut wirkenden Lufttrockenapparat, bestehend aus einer Flasche mit starker Kalilauge (1:1) und zwei darauffolgenden U-Rohren mit gekörntem Calciumchlorid und ebensolchem Natronkalk. Darauf folgt noch eine weitere Waschflasche mit konzentrierter reiner Schwefelsäure. Im übrigen ist die Anordnung der Absorptionsrohre sowie die Art der Ausführung die gleiche wie bei der ersten Methode.

Ehe man die eigentliche Bestimmung ausführt, stellt man den Apparat, jedoch ohne die beiden Absorptionsröhren, zusammen, wobei man das Schutzrohr *E* zunächst direkt an das Quarzrohr anschließt, trocknet das Quarzrohr, besonders die Bleioxydschicht, sorgfältigst durch schwaches Erhitzen unter langsamem Durchsaugen von CO_2-freier Luft, läßt erkalten, setzt jetzt erst die gewogenen Absorptionsapparate an und erhitzt nun bis zur hellen Rotglut. Man läßt im Luftstrom erkalten, nimmt die Absorptionsapparate ab und verschließt das Quarzrohr sofort wieder mit dem Schutzrohr *E*, um es für spätere Bestimmungen trocken zu halten.

Bei beiden Methoden (a und b) wird erhitzt, bis das Gewicht konstant oder die Gewichtszunahme konstant bleibt; im letzteren Falle ist dieselbe als eine Materialkonstante zu betrachten und bei der Berechnung der Analyse in Abzug zu bringen.

Die Methode b eignet sich besonders für Gesteine mit nur wenig Kohlensäure, die an Silikate gebunden ist und sich durch Salzsäure nicht oder nur schwer austreiben läßt (skapolithführende Gesteine). Bei sehr schwer aufschließbaren Substanzen erhitzt man das Gesteinspulver innigst gemischt mit gut getrocknetem kohlensäurefreiem Bleioxyd in einem Porzellanschiffchen.

c) Bestimmung kleinster Mengen Kohlensäure.

Um sehr kleine Mengen Kohlensäure (0,1—1%), wie sie in Silikatgesteinen häufig sind, mit Sicherheit zu bestimmen, ist die bisher übliche Methode, die Kohlensäure in mit Natronkalk gefüllten Absorptionsröhren aufzufangen und zu wägen, nicht geeignet. Das Mißverhältnis zwischen dem Gewicht der beiden Absorptionsröhren und der durch die absorbierte Kohlensäure verursachten, oft nur sehr geringen Gewichtszunahme macht die erhaltenen Werte häufig höchst unsicher. Viel sicherer und sehr viel rascher läßt sich in diesem Falle die Menge der mittels Salzsäure ausgetriebenen Kohlensäure bestimmen, wenn man dieselbe in $^1/_{10}$- oder $^1/_{100}$n-Barytlauge auffängt und dieselbe unter Zusatz von etwas Phenolphthalein als Indikator mit $^1/_{10}$- oder $^1/_{100}$n-Salzsäure zurücktitriert.[117]) Zweckmäßig ist es hiebei, der Barytlauge 1—2 g Bariumchlorid zuzusetzen, um die Löslichkeit des Bariumkarbonates zu verringern.

27. Borsäure.

Das Bortrioxyd B_2O_3 ist ein wichtiger Bestandteil der Turmalingranite und turmalinführender Pegmatite, dessen Bestimmung in vollständigen Gesteinsanalysen nicht vernachlässigt werden sollte. Auch metamorphe Gesteine können meßbare Mengen Bor enthalten, wenn sie Axinit-, Dumortierit- oder Danburit-führend sind. Tonschiefer können nach V. M. Goldschmidt bis 0,1% B_2O_3 enthalten.

Die gravimetrische Bestimmung der Borsäure erfolgt nach dem bekannten Verfahren von Rosenbladt-Gooch: Sämtliches Bor wird durch Aufschluß von 1 g Gesteinspulver mit Natriumkarbonat in Alkaliborat übergeführt, das bei der Destillation mittels azetonfreien, absoluten Methylalkohols und Essigsäure alles Bor als Borsäuremethylester, eine bei 65° siedende Flüssigkeit wieder abgibt. Der Borsäuremethylester wird über einer gewogenen Menge Kalk[118]) bei Gegenwart von Wasser aufgefangen und verseift. Die entstandene Borsäure

---

[117]) Über die nähere Ausführung dieser Methode, welche besonders für Mikrozwecke gut verwendbar ist, siehe E. Dittler und H. Hueber, Z. anorg. u. allgem. Chem. 199, 26, 1931.

[118]) An Stelle von Calciumoxyd kann besser Natriumwolframat verwendet werden.

verbindet sich mit dem Kalk zu Calciumborat; die Gewichtszunahme gibt die Menge der B_2O_3 an. Die Notwendigkeit, die Destillation 5—6mal wiederholen zu müssen, macht dieses Verfahren sehr umständlich; auch hat sich gezeigt, daß bei Gegenwart größerer Mengen von Tonerde (Turmalin), wie dies bei Bor-haltigen Gesteinen immer der Fall ist, die erhaltenen Werte zu niedrig ausfallen. Sehr viel bessere Resultate erhält man nach dem Verfahren von W. H. Chapin.[119])

Die neueren Methoden der Borsäurebestimmung gründen sich auf titrimetrische Verfahren, wobei man die Eigenschaft der Borsäure mit Mannit eine starke, komplexe und einbasische Säure zu bilden, benutzt. Bei Benutzung von Phenolphthalein als Indikator ist der Umschlag selbst in 0,01n-Lösungen scharf und sicher erkennbar. Insbesonders E. Schulek und G. Vasthag[120]) haben ein Verfahren ausgearbeitet, das nach unseren Erfahrungen auch für Mikrobestimmungen gut brauchbar und geeignet ist, in der Mineralanalyse die älteren Methoden zu verdrängen.

Die Bestimmung der Borsäure in Silikaten leidet an dem Übelstand, daß das in dem sauren Aufschluß sich ausscheidende Kieselsäuregel bedeutende Mengen Borsäure okkludiert, welche auch durch mehrmalige Destillation nicht zu entfernen sind. Wenn man aber dafür sorgt, daß die Ausscheidung der Kieselsäure erst am Ende der Operation und in körniger Form erfolgt, so gelingt es, die Borsäure quanti-

---

[119]) Die genaue Ausführung der Methode siehe W. D. Treadwell, Kurzes Lehrbuch der analytischen Chemie. II. Teil, 363, 1930, bzw. W. F. Hillebrand, loc. cit. 236, Bull. 700, Washington 1919.

[120]) E. Schulek und G. Vastagh, Z. analyt. Chem. 84, 175, 1931 und 87, 168, 1932. Die in mineralogischen Abhandlungen öfters erwähnte Methode von G. A. Kall (Sprechsaal 80, 1926 und W. Kunitz, Chemie der Erde IV, 213, 1929), welche darin besteht, das Mineral mit Ätznatron im Silbertiegel aufzuschließen, die Tonerde nach dem Ansäuern mittels Natriumphosphat zu fällen und im Filtrat die Borsäure durch 80%ige Phosphorsäure als Methylester auszutreiben, hat sich als nicht brauchbar erwiesen. Die Resultate sind selbst dann, wenn reine Borsäure verwendet wird, um 1—2% zu niedrig.

tativ zu erfassen. Man benutzt die von L. W. Winkler angegebene und von den beiden Verfassern für die Zwecke der Borsäurebestimmung abgeänderte Apparatur, wie sie die Abb. 4 zeigt. Die mit dem Destillationsaufsatz verbundenen Kjeldahlkolben sind derart austauschbar, daß sowohl mit einem 250-ccm- als auch mit einem 100-ccm-Kolben (für Mikrozwecke) gearbeitet werden kann.

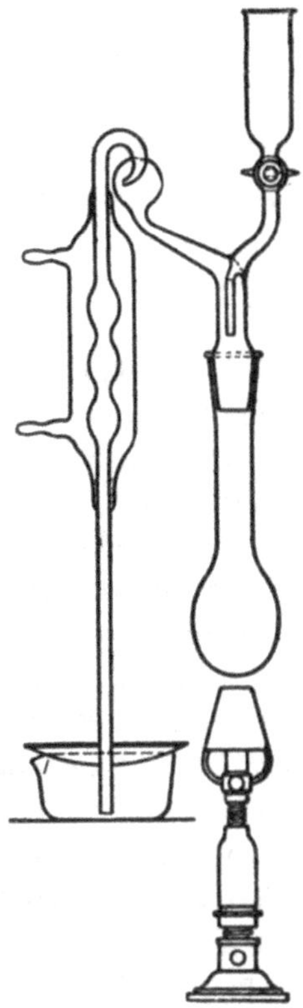

Abb. 4.
Apparat für die Bestimmung der Borsäure.

Das Makro- und Mikroverfahren zur Bestimmung des Borsäuregehaltes von natürlichen und künstlichen Silikaten gestaltet sich, wie folgt:

Makroverfahren: In einem größeren Platintiegel von etwa 20 bis 30 ccm Inhalt oder in einer kleineren Platinschale von 30—40 ccm Inhalt wird so viel des im Achatmörser aufs feinste zerriebenen Silikatpulvers eingewogen, als 0,01—0,035 g B_2O_3 entspricht; hierbei soll die Menge des Siliciumdioxyds 0,20 und die des Eisens 0,10 g nicht überschreiten. Als zweckmäßigste Einwage erwies sich eine solche von 0,10—0,25 g, da die Aufschließung dieser Menge über einem Bunsenbrenner nur 3—4 Minuten in Anspruch nimmt. Nun gibt man etwa das 4—5fache der Einwage an „Natrium carbonicum sicc. pro analysi" hinzu. Enthält das Silikat viel Eisen (z. B. Turmalin), so gebraucht man die 8—10fache Menge Natriumkarbonat. Das Gemisch wird über einem Bunsenbrenner zuerst vorsichtig erwärmt, um Verluste durch Spritzen zu vermeiden, dann kräftig geglüht und so lange im geschmolzenen Zustande gehalten, bis keine Blasen mehr sichtbar sind und die Schmelze, von etwa vorhandenen Schwermetalloxydflocken abgesehen, ganz klar erscheint. Auf das abgekühlte Gemisch gießt man 5—6 ccm Wasser und erwärmt den Tiegel, bzw. die Schale auf dem Wasserbad oder über einem Mikrobrenner, bis der Inhalt aufgelöst oder aufgelockert ist. Dies kann man auch so erreichen, daß man den Tiegel mit dem Wasser ohne Erwärmen einige Stunden stehenläßt. Enthält die Schmelze viel unlösliches Eisenoxyd, so wird das Auflockern und das Auflösen des Kuchens durch Zerdrücken mit einem stumpfen Glasstab beschleunigt. Der Inhalt des Tiegels wird jetzt in den Destillationskolben von 250—300 ccm Inhalt übergeführt. Zum Überspülen soll möglichst wenig Wasser verwendet werden; die unlöslichen Metalloxyde sollen mechanisch, gegebenenfalls auch durch Auswischen mit einem Stückchen Filtrierpapier in den Kolben gebracht werden. Das Gesamtvolumen der wässerigen Flüssigkeit im Kolben darf nur etwa 10—12 ccm betragen. Der Schliff des Kolbens wird mit konzentrierter Schwefelsäure bestrichen, wobei darauf zu achten ist, daß die Schwefelsäure nicht in den Kolben gelangt, um die vorzeitige Abscheidung der Kieselsäure zu vermeiden. Als Vorlage dient eine größere Silberschale von 200—250 ccm Inhalt, welche mit einem durchbohrten Uhrglas bedeckt ist. In die Schale werden 10 ccm n-Natronlauge gebracht. Der Boden wird sanft an das Kühlrohr gedrückt. Durch den Trichterhahn des Apparates wird das abgekühlte Destillationsgemisch, welches man aus 200 ccm Methylalkohol und 15 ccm konzentrierter Schwefelsäure bereitet hat, in den Kolben fließen gelassen. Destilliert wird mit einer ganz kleinen Flamme eines Bunsenbrenners, wobei man darauf achtet, daß der Kolbeninhalt nicht zu heftig kocht. Das Ende der Destillation wird dadurch angezeigt, daß die zusammen mit den Schwefelsäuredämpfen auftretenden Methylätherdämpfe den Apparat ausfüllen und die Flüssigkeitssäule aus dem Kühlrohr herausdrücken. Nachdem die Destillation beendet und die Vorlage entfernt ist, wird das Kühlrohr mit Alkohol abgespült. — In den meisten Fällen ist eine einmalige Destillation ausreichend (Gläser, Emaillen). In manchen Fällen jedoch, insbesondere bei eisenhaltigen Silikaten, muß die Destillation wiederholt werden. In diesem Fall läßt man zu dem vollständig abgekühlten Kolbeninhalt 100 ccm Methylalkohol hinzufließen und destilliert wieder auf die oben beschriebene Weise ab. Bei dieser zweiten Destillation kann man, um ein Stoßen der Flüssigkeit zu vermeiden, dem Destillationsgemisch 1—2 g „Calcium carbonic. praec." zufügen. Zu den vereinigten Destillaten gibt man 10 ccm n-Natronlauge und 1—2 Tropfen phosphorsäurefreies, 30%iges Wasserstoffsuperoxyd und dampft zur Trockne ein, wobei man, besonders am Anfang, darauf achtet, daß der Methylalkohol nicht ins Kochen kommt. Der borathaltige Rückstand wird, gegebenenfalls unter Hinzugabe von wenig festem Kaliumhydroxyd, geschmolzen. Die Schmelze wird in einigen ccm Wasser gelöst. Die Lösung wird mit 10%iger Salzsäure schwach angesäuert und, wenn nötig, über ein kleines Wattefilterchen von silberhaltigen Flocken in einen Erlenmeyerkolben von 50 ccm Inhalt abfiltriert; dann wird dreimal mit je 2 ccm Wasser nachgespült und die etwa 15 bis 20 ccm ausmachende saure Flüssigkeit zum Vertreiben der Kohlensäure 1 Minute lang gekocht. Die abgekühlte Lösung wird nach Zugabe von 1 Tropfen Methylrotlösung als Indikator mit 0,1 n-Lauge sorgfältig neutralisiert und mit 2 g „Mannit. spir. recryst. Merk" versetzt, endlich nach Hinzugabe von 5 Tropfen Phenolphthaleinlösung, mit 0,1 n-Lauge titriert, und zwar so, daß sie wieder bis zum Sieden erhitzt und mit der Lauge in der Hitze bis zum Auftreten der ersten Rosafärbung versetzt wird. Jetzt wird die Lösung aufgekocht, sorgfältig abgekühlt und die Titration in der Kälte beendet (hiezu werden noch 3—4 Tropfen Lauge benötigt). Die auftretende rote Farbe muß nach Hinzugabe von 0,5 g Mannit bestehen bleiben.

$$1 \text{ ccm } 0{,}1\text{n-Lauge} = 3{,}482 \text{ mg } B_2O_3.$$

Wir möchten hervorheben, daß man sich in allen Fällen davon überzeugen soll, ob die im Destillationskolben zurückgebliebene, schwefelsaure Flüssigkeit keine Borsäure mehr enthält. Dies kann so geschehen, daß man vom Rückstand 30 ccm Methylalkohol abdestilliert, das Destillat alkalisch eindampft und schmilzt, in Salzsäure auflöst und, jedoch nur Phenolphthalein als Indikator gebrauchend, mit 0,01 n-Lauge rosafarben macht. Gibt man nun mit 0,01 n-Lauge rosafarben gemachte 20%ige Mannitlösung hinzu, so muß, wenn die Trennung der Borsäure richtig durchgeführt war, die Flüssigkeit rosafarben bleiben oder die Rosafarbe durch höchstens 1 Tropfen 0,01 n-Lauge zurückerlangen. Wie die Versuche zeigten, ließ sich die Borsäure in den meisten Fällen durch einmalige, immer aber durch zweimalige Destillation trennen.[121])

Mikroverfahren: Die Prinzipien der Ausführung sind dieselben wie beim Makroverfahren. Die Einwage soll 0,0007 bis 0,003 g B_2O_3 entsprechen und höchstens 0,10 g SiO_2 und 0,05 g Fe enthalten. Die Menge des Natriumkarbonats beträgt das 4—5fache der Einwage, in Gegenwart von viel Eisen, das 8—10fache. Die erste Destillation wird mit 100 ccm Destillationsgemisch (100 ccm Methylalkohol + 7,5 ccm konzentrierte Schwefelsäure), eine etwa erforderliche zweite mit 50 ccm Methylalkohol vorgenommen. In der als Vorlage dienenden Silberschale wird ein erbsengroßes Stückchen Kaliumhydroxyd in 2—3 ccm Wasser gelöst (0,2—0,3 g). Ebensoviel gibt man noch vor dem Eindampfen zum Destillat. Titriert wird mit 0,01 n-Lauge. 1 ccm 0,01 n-Lauge = 0,3482 mg B_2O_3.

28. Kupfer, Nickel, Kobalt, Zink, Chrom, Molybdän und Vanadin.

Über die Bestimmung dieser Elemente, die man wegen ihrer geringen Menge in Gesteinen heute wohl am besten mit Hilfe spektroskopischer Methoden nachweist, siehe das

[121]) An Stelle von Mannit läßt sich beim Makroverfahren der von der I. G. Farbenindustrie für therapeutische Zwecke hergestellte Hexit: „Sionon“ verwenden, welcher bedeutend billiger ist als Mannit.

Spezialwerk von W. F. Hillebrand, The Analysis of Silicate und Carbonate Rocks, Washington 1919.

Man verfährt am zweckmäßigsten so, daß man mindestens 50 g der zu prüfenden Substanz mit Salzsäure auszieht, vom Ungelösten durch Filtration trennt und das Unlösliche mit Natriumkarbonat aufschließt. Chrom, Vanadin und Molybdän finden sich im Filtrat des Sodaaufschlusses und können in diesem einer Sonderuntersuchung unterzogen werden.

Im salzsauren Auszug fällt man nach der Trennung des Eisens und Aluminiums mittels der Azetatmethode mit Ammoniumsulfid Kupfer, Nickel, Kobalt, Mangan usw. und läßt verkorkt 24 Stunden stehen.[122]) Nach Filtration und Auswaschen des Niederschlages mit ammonsulfidhaltigem Wasser unter Zusatz von etwas Ammonchlorid wird derselbe mit warmer schwefelwasserstoffhaltiger Salzsäure (1 Teil Salzsäure von der Dichte 1,11 und 5 Teile Schwefelwasserstoffwasser) behandelt, wobei Kupfer, Kobalt und Nickel zurückbleiben. Das gehörig ausgewaschene Filter mit dem Niederschlag wird in einem Porzellantiegel eingeäschert, der Rückstand in etwas Königswasser gelöst, eingedampft und durch Abrauchen mit Salzsäure in die Chloride verwandelt. Aus der sauren Lösung wird in der Wärme das Kupfer mittels Schwefelwasserstoff gefällt und aus dem ammoniakalisch gemachten Filtrat mit demselben Reagens Nickel und Kobalt niedergeschlagen. Man säuert die Lösung, in welcher sich das Nickel und Kobalt als Sulfide befinden, ganz schwach mit Essigsäure an und läßt mehrere Stunden stehen, bevor man filtriert. Das Nickelsulfid kann entweder direkt in Nickeloxyd übergeführt werden, wenn nur Spuren hievon vorhanden sind oder — bei größeren Mengen — man löst die Sulfide in etwas Königswasser, raucht mit Schwefelsäure ab und elektrolysiert in

[122]) Siehe hiezu W. D. Treadwell, Kurzes Lehrbuch der analytischen Chemie. II. Teil 123, 1930.

sulfammoniakalischer Lösung, wodurch man die Summe Nickel und Kobalt bekommt. Nach dem Lösen in Salpetersäure 1:1, fällt man das Nickel mittels Dimethylglyoxim und bestimmt das Kobalt aus der Differenz.

Bei der Analyse z. B. von Meteoreisen oder -steinen analysiert man den magnetischen und den unmagnetischen Teil für sich. Der magnetische Teil wird in Salzsäure der D. 1,06 gelöst und nach Entfernung der Kieselsäure die Azetattrennung vorgenommen. Nach der Fällung der Sulfide von Nickel, Kobalt und Mangan werden diese in Salpetersäure gelöst, mit Schwefelsäure abgeraucht und in Gegenwart eines großen Überschusses von Ammoniumsulfat in ammoniakalischer Lösung bei etwa 3,2—3,7 Volt und etwa 60° C elektrolysiert; die Metalle Nickel und Kobalt werden mittels Salpetersäure von der Kathode gelöst, die Lösung neutralisiert und das Nickel, wie oben beschrieben, mit Dimethylglyoxim gefällt. In der Elektrolysenflüssigkeit kann das Mangan kolorimetrisch bestimmt werden. Bei der Analyse des unmagnetischen Anteiles verfährt man sinngemäß, nur mit dem Unterschied, daß man an Stelle mit Salzsäure zu lösen, etwa 1 g der Probe mit Natriumkarbonat aufschließt, die Kieselsäure abscheidet und im Filtrat davon die Azetattrennung vornimmt. Nach der Abtrennung von Eisen und Tonerde bestimmt man die restlich verbliebenen, meist sehr kleinen Mengen der beiden Metalle, Nickel und Kobalt, wie oben.

29. Analyse der Karbonatgesteine.

Handelt es sich um die Analyse von Karbonatgesteinen oder Silikatgesteinen, die wesentliche Mengen Karbonate enthalten, so behandelt man 1 g des feinst zerriebenen Gesteinspulvers in einer geräumigen Platin- oder Porzellanschale nach dem Durchfeuchten mit Wasser und unter Bedecken mit einem Uhrglas mit 50 ccm verdünnter Salzsäure (1:1) und erhitzt längere Zeit auf dem Wasserbad. Nach dem Aufhören der Kohlensäureentwicklung, dampft man unter Umrühren und Zufügen starker Salzsäure mehrere Male vollkommen zur Trockne. Den so erhaltenen, staubtrockenen Rückstand nimmt man nach dem Erkalten mit konzentrierter Salzsäure und heißem Wasser auf und filtriert nach kurzem Erwärmen vom Unlöslichen ab. Das Filtrat wird einstweilen beiseite gestellt.

Der unlösliche Rückstand wird mit Natriumkarbonat wie bei der Silikatanalyse aufgeschlossen, die Kieselsäure in bekannter Weise unlöslich gemacht, das Filtrat derselben mit dem Filtrat vom Salzsäureauszug vereinigt und nach den Regeln der Gesteinsanalyse weiter behandelt.

In gewissen Fällen ist man genötigt, Salzsäureauszug und Rückstand gesondert zu analysieren. Dann muß man sich bewußt sein, daß auch durch Salzsäure aufschließbare Silikate in dem Gestein vorhanden sein können, deren Kieselsäure durch das oben angegebene Abdampfen zur Trockne sich beim unlöslichen Rückstand befindet. Diese durch Zersetzung abgeschiedene und durch das Abdampfen unlöslich gewordene Kieselsäure läßt sich aus dem noch nicht geglühten Rückstand durch Erwärmen mit 5%iger Sodalösung ausziehen und in den vereinigten Filtraten bestimmen. Man behandelt Rückstand und Filter mit 5%iger Sodalösung längere Zeit auf dem Wasserbad, verdünnt stark mit Wasser, dekantiert und wäscht zuletzt den verbleibenden Rückstand einige Male mit verdünnter Salzsäure und schließlich mit heißem Wasser sehr gut aus. Nach dem Veraschen und Glühen wird jetzt das Gewicht des Rückstandes bestimmt und der Rückstand wie oben angegeben analysiert.

Für die Alkalienbestimmung muß eine neue Einwage mittels Salzsäure zerlegt und der hinterbleibende Rückstand nach Lawrence-Smith aufgeschlossen werden.

Die Eisenoxydulbestimmung erfolgt am besten in einem Bunsenschen Ventilkölbchen, einem starkwandigen 150-ccm-Rundkölbchen, dessen Verschluß zwar Gase aus dem Inneren entweichen, aber keine atmosphärische Luft eindringen läßt. Es genügt, die Substanz unter Zusatz von etwas

Natriumbikarbonat zwecks Entfernung der oxydierenden Luft mit verdünnter Schwefelsäure zu zersetzen und das aus dem karbonatischen Anteil in Lösung gegangene Ferrosalz durch Titration mit Permanganat zu oxydieren.

Im silikatischen Anteil wird das Ferroeisen wie auf S. 47 ermittelt.

Die Phosphorsäure findet sich in Karbonatgesteinen als Apatit oder Phosphorit. Man kann dieselbe dadurch bestimmen, daß man etwa 1 g des Gesteinspulvers in Salpetersäure unter Erwärmen löst und die erhaltene Lösung, wie auf S. 53 angegeben, mit molybdänsaurem Ammonium fällt.

Bei der Abscheidung der Basen stört jedoch in vielen Fällen die Phosphorsäure, namentlich wenn größere Mengen von Phosphaten anwesend sind, Eisen und Tonerde aber fast vollständig fehlen.

Bei der Bestimmung der Phosphorsäure muß daher eine Abänderung der Methode dahin vorgenommen werden, daß man den Sesquioxydniederschlag, welcher neben meist geringen Mengen Aluminiumphosphat auch eine dem Rest der Phosphorsäure entsprechende Menge Calciumphosphat enthält, nach dem Veraschen, mit Natriumkarbonat im Platintiegel schmilzt, die Schmelze in Wasser löst, den hinterbleibenden Rückstand abfiltriert und mit heißem Wasser auswäscht. Nach dem Lösen in Salzsäure trennt und bestimmt man darin in gewöhnlicher Weise Aluminium, Eisen, Kalk und Magnesia. Das alkalische Filtrat wird nach dem Ansäuern mit Salzsäure eingedampft, erkalten gelassen und in der stark ammoniakalisch gemachten Lösung die Phosphorsäure durch Magnesiamixtur in bekannter Weise gefällt.

Die Bestimmung der übrigen Elemente erfolgt wie in der Silikatanalyse.

II. Teil.

Kontrolle und graphische Darstellung der Gesteinsanalysen.

Eine wichtige Voraussetzung für ein verwendbares Analysenresultat ist die sorgfältige Auswahl des Gesteins in der Natur, sofern man nicht genötigt ist, eine bereits vorhandene Probe zu analysieren. Es hat keinen Zweck, z. B. irgendeinen Granit zu analysieren, wenn nicht die Gewähr vorhanden ist, daß die Probe auch wirklich einen Typus wiedergibt oder eine bestimmte, mineralogisch und geologisch bezeichnende Abart. Ein Umstand, der oft übersehen wird, ist ferner die Größe der Mineralgemengteile und das Gefüge, wodurch oftmals zu geringe Mengen der Analyse zugeführt werden und daher seltenere Gemengteile in der zu untersuchenden Probe fehlen oder andere (besonders Einsprenglinge) nicht in dem Verhältnis auftreten, wie es dem Vorkommen wirklich entspricht. Daß schließlich das frischeste Material verwendet werden muß, erklärt sich wohl von selbst.

1. Die Kontrolle der Analysen.

Die Analysensumme soll, wenn zuverlässig gearbeitet wurde, etwas über 100 zu liegen kommen, die Grenzen guter Analysen schwanken zwischen 99,70 und 100,50. Die Variationsbreite für die Analysenwerte der einzelnen Komponenten ist verschieden, je nach der Menge derselben und kann zwischen 0,1 (SiO_2) und 0,05% (Alkalien) betragen. Die richtigen Grenzzahlen muß der Chemiker selbst von Fall zu Fall aufstellen, allgemein gültige Regeln lassen sich da nicht geben.

Einer fertigen Analyse soll stets eine sorgfältige und eingehende Mineralbeschreibung im Dünnschliff mit wenigstens teilweiser quantitativer Angabe des Mineralgehaltes beigegeben sein; nur dadurch kann die Analyse durch Umrechnung auf den Mineralgehalt kontrolliert werden. Womöglich soll eine solche Kontrolle immer ausgeführt werden, weil sich oft auch relativ kleine Fehler der Analyse auf diese Weise erkennen lassen. Leider sind wir bei vielen Gemengteilen nicht imstande, aus ihren optischen Eigenschaften auf den Chemismus zu schließen, hier muß man sich bei der Kontrolle mit ihrer theoretischen Zusammensetzung begnügen; das bringt natürlich Fehler in die Berechnung, die man jeweils abschätzen muß. Notwendig ist ferner die Bestimmung der Dichte des zur Analyse verwendeten Durchschnittsmateriales. Diese wichtige physikalische Konstante muß unbedingt einer chemischen Analyse beigegeben sein und es ist sehr bedauerlich, daß sie in vielen Fällen, wie die Literatur zeigt, fehlt. Zu ihrer Bestimmung sei erwähnt, daß es stets notwendig ist, auch bei dicht aussehenden Gesteinen die eingeschlossene Luft unter der Saugglocke zu entfernen und das Gestein bis zur Gewichtskonstanz auf der hydrostatischen Wage in Wasser schweben zu lassen.[1]) Die Erfahrung zeigt, daß sonst ein Fehler gemacht wird, der sich zwischen 0,002—0,005 bewegen kann. Bei porösen Gesteinen kann dieser Fehler weit größer werden.

Bezüglich der Bestimmung der Volumprozente der Mineralgemengteile im Dünnschliff verwendet man am einfachsten eine etwas abgeänderte Methode von A. Rosiwal. Ein Mikrometerokular mit 100 Teilstrichen genügt für diesen Fall. Zuerst bestimmt man die Durchschnittslänge der Gemengteile; beträgt sie etwa 1 mm, so muß man mindestens die zehnfache Länge nach der unten angeführten Art durchmessen,

---

[1]) Dichte $= \frac{\text{Gewicht } P}{\text{Auftrieb } A}$. Gewicht des Gesteins in Luft ist P. Gewicht P minus Gewicht des Gesteins plus Draht in Wasser abzüglich des Gewichtes des Drahtes in Wasser $= A$.

wird aber, um sicher zu gehen, stets mehr messen. Vorher muß natürlich die wirkliche Länge, welcher 100 Teilstriche des Mikrometerokulares für die verschiedenen Objektive entsprechen, festgelegt sein. Bei der Messung geht man im einfachsten Falle eines gleichmäßig körnigen Gesteins folgendermaßen vor: im scharf eingestellten Schliff wird etwa am linken Rande der Mikrometerteilung abgezählt, wie viele Intervalle auf die einzelnen Gemengteile entfallen, deren Summe 100 sein soll (ein Fehler von $\pm$ 3 spielt praktisch keine Rolle). Dann wird der Schliff um einen kleinen Betrag mit dem Schlittentisch verschoben, der Vorgang wiederholt usf. Ist der Schliff durchgemessen, so verdreht man ihn etwa um 30° und wiederholt in gleicher Weise die Zählung. Messungen an einem zweiten Schliff werden erfahrungsgemäß nicht unwesentlich verschiedene Resultate geben können. Das ist ganz klar, da sich ja zwei Schliffe nicht vollkommen gleichen können; die Abweichung wird um so größer, je gröber das Korn des Gesteins ist, besonders bei porphyrischem Gefüge. Deswegen muß man eine Reihe von Schliffen durchmessen, will man verläßliche Daten gewinnen. Trotz aller Vorsicht und Genauigkeit wird man noch immer mit einem Fehler von mitunter 5% rechnen müssen! Selbstverständlich muß diese Methode bei gewissen Gefügeverhältnissen überhaupt versagen. Auch ist sie nicht geeignet, etwa eine chemische Analyse zu ersetzen. Die Rechnung erfordert kaum weniger Zeit als die Analyse selbst, und ist somit ohne Analyse zwecklos. Ebenso gelingt es nicht, Analysen solcher Gesteine einwandfrei zu berechnen, wo mehrere ihrer chemischen Zusammensetzung nach unbekannte Mineralgemengteile vorherrschen.

An dem Beispiel einer Analyse des „Eisgarner" Granites von Gmünd in Niederösterreich sei das Gesagte näher erläutert.[2]) Hier ist die Rechnung besonders einfach, da man

[2]) A. Köhler, Sitzber. d. Akad. d. Wiss. in Wien, math.-nat. Kl., Abt. I. 140. Bd., S. 847. 1930.

nicht alle Volumprozente benötigt. Der Mineralgehalt ist folgender: Apatit, Magnetit, Rutil, Titanit, Andalusit, Plagioklas, Kalifeldspat, Muscovit, Biotit und Quarz.

	Gew.-%	Mol.-Quotient.
SiO_2	72,60	12090
TiO_2	0,32	40
Al_2O_3	14,06	1379
Fe_2O_3	0,28	17
FeO	2,21	308
MnO	0,10	14
MgO	0,38	94
CaO	0,89	160
BaO	0,03	2
Na_2O	2,96	478
K_2O	5,31	564
$H_2O^{+110^0}$	0,74	411
P_2O_5	0,15	11
Summe:	100,03	

Projektionswerte nach P. Niggli, F. Becke und A. Marchet[3]):

al = 45,5	ξ = 79,9	*Si* = 69,0
fm = 14,8	η = 50,8	*U* = 18,2
c = 5,3	ζ = 39,7	*L* = 12,7
alk = 34,4	*or* = 5,01	
si = 399	*ab* = 4,27	
qz = 161	*an* = 0,72	
ti = 1,3	*ls* = 0,54	
p = 0,4	*fs* = 0,04	
h = 13,6	*qs* = 0,43	
k = 0,54		
mg = 0,21	Dichte: 2,657	
c/fm = 0,36		

Die Molekularquotienten teile man nun auf die Gemengteile auf, wie aus der Tabelle 1 ersichtlich ist.

---

[3]) Über die Projektionswerte siehe S. 102ff.

Tabelle I (Molekularwerte).

Bezeichnung		SiO_2	TiO_2	Al_2O_3	Fe_2O_3	FeO	MnO	MgO	CaO	BaO	Na_2O	K_2O	H_2O+	P_2O_5
Molekularquotienten . . .		12090	40	1379	17	308	14	94	160	2	478	564	411	11
Apatit (a)		—	—	—	—	—	—	—	37	—	—	—	—	11
Magnetit (b)		—	—	—	4	4	—	—	—	—	—	—	—	—
Rutil (c)		—	10	—	—	—	—	—	—	—	—	—	—	—
Titanit (c)		4	4	—	—	—	—	—	4	—	—	—	—	—
Andalusit (c)		7	—	7	—	—	—	—	—	—	—	—	—	—
Plagioklas (d)		2260	—	456	—	—	—	—	119	—	337	—	—	—
Muscovit (e)		282	—	141	—	—	—	—	—	—	—	47	94	—
Kalifeldspat (f)		3184	—	532	—	—	—	—	—	2	141	389	—	—
$2H_2O.K_2O.2Al_2O_3.4SiO_2$	Biotit	460	26	243	—	—	—	—	—	—	—	121	242	—
$2H_2O.K_2O.2Fe_2O_3.4SiO_2$	Biotit	26	—	—	13	—	—	—	—	—	—	7	14	—
2(Mg, Fe)O.SiO_2	Biotit	206	—	—	—	304	14	94	—	—	—	—	—	—
Quarz		5661	—	—	—	—	—	—	—	—	—	—	—	—

Erläuterungen zur Tabelle I:

a) Die Menge Apatit ist durch den Wert von P_2O_5 gegeben.

b) Gemessene Vol.-% 0,05! Um daraus bei Magnetit die Molekularzahlen von FeO und Fe_2O_3 berechnen zu können, muß folgendes bekannt sein: D = Dichte des Gesteins: 2,657, d = Dichte des Minerals: 5,15; dann ist p (Gewichtsprozente des Minerals im Gestein) zu finden durch die Gleichung: $p = \frac{\text{Vol.-\%}}{D} \cdot d$. Aus der gewichtsprozentischen Zusammensetzung des Magnetits (31,03 FeO, 68,97 Fe_2O_3) ergeben sich durch Multiplikation mit $\frac{p}{100}$ die Werte der in Rechnung zu stellenden Oxyde, deren Mol.-Quotienten × 10000 in Tabelle I erscheinen.

c) Das gleiche gilt für die Einsetzung der Mol.-Zahlen bei Titanit und Rutil (je 0,05 Vol.-%) sowie Andalusit (0,1 Vol.-%). Alles TiO_2 als Titanit zu verrechnen, wäre nicht richtig, da fast stets etwas TiO_2 im Biotit steckt. Man muß daher von den Vol.-% Titanit ausgehen, wobei etwas TiO_2 übrigbleiben muß.

d) Nach Abzug des CaO, das Titanit und Apatit verbrauchen, ist CaO nur mehr im Plagioklas enthalten. Aus dem optisch bestimmten Anorthitgehalt von 15% geht hervor, wieviel Na_2O man benötigt. Auch hier wäre es nicht richtig, das ganze restliche CaO mit dem gesamten Na_2O als Plagioklas zu verrechnen, da auch im Kalifeldspat reichlich Albitsubstanz steckt. Die molekulare Zusammensetzung der Mischung *An* 15, *Ab* 85 ergibt sich folgendermaßen:

	Na_2O	CaO	Al_2O_3	SiO_2
Ab . .	85	—	85	510
An . .	—	30[4])	30	60
	85	30	115	570

In unserem Falle stehen an Molekularquotienten 119 CaO zur Verfügung. Es ergibt sich also aus den Proportionen CaO:NaO = 30:85 und $119 : x = 30 : 85 \ldots x = 337$.

Wären noch andere CaO-haltige Gemengteile vorhanden, so müßte man von den Volumprozenten des Plagioklases ausgehen; man findet dann die nötigen Gewichtsprozente p durch obige Formel $p = \frac{\text{Vol.-\%}}{D} \cdot d$, nachdem man die molekulare Zusammensetzung des Plagioklases wie oben und seine Dichte bestimmt hat.

e) Laut Messung 3,5 Volumprozente!

---

[4]) Doppelt genommen, um äquimolekulare Werte zu erhalten!

f) Sind die Volumprozente von Kalifeldspat nicht bekannt, so verteilt man das noch nicht aufgebrauchte R_2O und R_2O_3 auf Feldspat und Biotit; da Feldspat $1 R_2O_3$ benötigt, Biotit $2 R_2O_3$, so findet man durch die Gleichungen:

$x + y = 660 (R_2O)$ und $x + 2y = 788 (R_2O_3) \ldots x = 532, \quad y = 128.$

Die RO-Basen bilden das Olivinsilikat im Biotit und das restliche SiO_2 den freien Quarz. Barium wird als Celsian ($BaO . Al_2O_3 . 2 SiO_2$) zum Orthoklas geschlagen.

Bei dieser rechnerischen Kontrolle zeigen sich oft schon geringe Analysenfehler sofort auf. Würde z. B. CaO zu hoch ausgefallen sein, Na_2O zu niedrig, um nur einen Fall heranzuziehen, so bliebe für den perthitischen Kalifeldspat zu wenig oder kein Na_2O übrig, was aber dem mikroskopischen Befund widerspräche!

Je nach dem Mineralgehalt wird man die Verrechnung verschieden durchführen können; die geeignetste Art wird man sich jeweils zurechtlegen. Es sei hier nur auf die Literatur hingewiesen, wo sich zahlreiche Beispiele solcher Kontrollrechnungen finden.[5]

Eine weitere sehr scharfe Kontrolle bietet ferner die errechnete Dichte des Gesteines, die mit der gefundenen übereinstimmen muß. Als Beispiel verwenden wir wieder obigen Granit. In Tabelle II sind zunächst die Gewichtsprozente der Oxyde der Analyse angeführt, darunter die der Mineralgemengteile, auf Grund der Molekularzahlen der Tabelle I. Ferner bedeutet *d* die Dichte der Gemengteile, *p/d* das Volumen derselben; auf 100 umgerechnet ergeben sich die Volumprozente. Die berechnete Dichte ist dann: $\frac{99 \cdot 94^{6)}}{37 \cdot 39^{7)}} = 2{,}672$. Die Messung ergab: 2,657!

Die unvermeidlichen Fehler des ganzen Vorganges, sowie die schwankende Dichte der Mineralgemengteile bedingen Fehler, die jedoch 0,03 nicht überschreiten sollen. Bei

[5]) A. Marchet, Tscherm. Min. petr. Mitt. Bd. 36. S. 185, 241, 155 u. 288. 1925.

[6]) Summe der Gewichtsprozente der verrechneten Gemengteile.

[7]) Summe der Volumina derselben.

Tabelle II (Gewichtsprozente).

Bezeichnung	SiO_2	TiO_2	Al_2O_3	Fe_2O_3	MnO + FeO	MgO	CaO	BaO	Na_2O	K_2O	H_2O^+	P_2O_5	Summe	d	$\frac{p}{d}$	Vol.-%
Gewichts-%	72,60	0,32	14,06	0,28	2,31	0,38	0,89	0,03	2,96	5,31	0,74	0,15	100,03	—	—	—
Apatit . . .	—	—	—	—	—	—	0,21	—	—	—	—	0,15	0,36	3,19	0,11	0,29
Magnetit . .	—	—	—	0,06	0,03	—	—	—	—	—	—	—	0,09	5,15	0,02	0,05
Rutil . . .	—	0,08	—	—	—	—	—	—	—	—	—	—	0,08	4,25	0,02	0,05
Titanit . . .	0,02	0,03	—	—	—	—	0,02	—	—	—	—	—	0,07	3,45	0,02	0,05
Andalusit .	0,04	—	0,07	—	—	—	—	—	—	—	—	—	0,11	3,16	0,04	0,10
Plagioklas .	13,57	—	4,66	—	—	—	0,67	—	2,09	—	—	—	20,99	2,638	7,96	21,29
Muscovit . .	1,69	—	1,44	—	—	—	—	—	—	0,44	0,17	—	3,74	2,83	1,32	3,53
Kalifeldspat	19,12	—	5,44	—	—	—	—	0,03	0,87	3,66	—	—	29,12	2,58	11,29	30,20
Biotit . . .	4,16	0,21	2,48	0,22	2,28	0,38	—	—	—	1,21	0,46	—	11,40	3,00[8])	3,80	10,16
Quarz . . .	34,00	—	—	—	—	—	—	—	—	—	—	—	34,00	2,653	12,81	34,26
Summe:	72,60	0,32	14,07	0,28	2,31	0,38	0,90	0,03	2,96	5,31	0,63	0,15	99,94	—	37,39	99,98

[8]) Bei Biotit muß die theoretische Dichte aus dem mittleren Molekulargewicht und dem mittleren Molekularvolumen berechnet werden.

größeren Abweichungen kann auf einen Fehler in der Analyse oder in der Berechnungsart geschlossen werden. Da im allgemeinen H_2O nicht völlig verrechnet werden kann, so wird die errechnete Dichte gewöhnlich etwas höher ausfallen.

Zur Erleichterung der Analysenberechnung werden hier noch die Formeln, die gewichtsprozentische Zusammensetzung und die Dichten (mit Logarithmen) von Gemengteilen, sowie die Molekulargewichte der wichtigsten Oxyde mitgeteilt, die man am häufigsten braucht[9]),

Pyrit: FeS_2, $d = 5{,}15$ (0,71181).
Magnetkies: FeS, $d = 4{,}6$ (0,66276).
Hämatit: Fe_2O_3, $d = 5{,}285$ (0,72304).
Magnetit: $FeO.Fe_2O_3$ (31,03% FeO, 68,97% Fe_2O_3), $d = 5{,}15$ (0,71181).
Ilmenit: $FeO.TiO_2$ (47,34% FeO, 52,66% TiO_2), $d = 4{,}8$ (0,68124).
Chromit: $FeO.Cr_2O_3$ (32,09% FeO, 67,91% Cr_2O_3), $d = 4{,}55$ (0,65801).
Zirkon: $ZrO.SiO_2$ (67,24% ZrO, 32,76% SiO_2), $d = 4{,}5$ (0,65321).
Rutil: TiO_2, $d = 4{,}25$ (0,62839).
Apatit: $CaF_2.9CaO.3P_2O_5$ (7,74% CaF_2, 50,02% CaO, 42,24% P_2O_5), $d = 3{,}2$ (0,50515).
Titanit: $CaO.TiO_2.SiO_2$ (28,61% CaO, 40,75% TiO_2, 30,64% SiO_2), $d = 3{,}45$ (0,53782).
Andalusit, Sillimanit, Disthen: $Al_2O_3.SiO_2$ (62,93% Al_2O_3, 37,07% SiO_2), $d = 3{,}16$ (0,49969) bzw. $d = 3{,}24$ (0,51655) und $d = 3{,}665$ (0,56407).
Kalifeldspat: $K_2O.Al_2O_3.6SiO_2$ (16,93% K_2O, 18,32% Al_2O_3, 64,75% SiO_2), $d = 2{,}54$ (0,40483).
Albit: $Na_2O.Al_2O_3.6SiO_2$ (11,83% Na_2O, 19,44% Al_2O_3, 68,73% SiO_2), $d = 2{,}614$[10]) (0,41731).
Anorthit: $CaO.Al_2O_3.2SiO_2$ (20,16% CaO, 36,65% Al_2O_3, 43,19% SiO_2), $d = 2{,}773$[9]) (0,44295).
Calcit: $CaO.CO_2$ (56,04% CaO, 43,96% CO_2), $d = 2{,}714$ (0,43361).
Quarz: SiO_2, $d = 2{,}651$ (0,42341).

---

[9]) Weitere Daten, sowie die neuesten Molekularquotienten können dem soeben erschienenen Buche von H. v. Philipsborn, Tabellen zur Berechnung von Mineral- und Gesteinsanalysen (Leipzig 1933), entnommen werden.

[10]) Bestimmung der Dichte einer Plagioklasmischung, z. B. 85% *Ab*, 15% *An*: $\frac{85 \times 2{,}614 + 15 \times 2{,}773}{100} = 2{,}64$. Im übrigen sind obige Zahlen für die Dichte z. T. Mittelwerte, mit denen man das Auslangen findet.

Neue Molekulargewichte
der petrographisch wichtigsten Oxyde und ihre Logarithmen.

SiO_2	60,06	1,77859	CaO	56,08	1,74881
ZrO_2	123,22	2,09068	BaO	153,36	2,18571
TiO_2	79,90	1,90255	Na_2O	61,994	1,79235
Al_2O_3	101,94	2,00834	K_2O	94,200	1,97405
Cr_2O_3	152,02	2,18190	H_2O	18,0156	1,25564
Fe_2O_3	159,68	2,20325	P_2O_5	142,04	2,15241
FeO	71,84	1,85637	CO_2	44,00	1,64345
MnO	70,93	1,85083	SO_3	80,06	1,90342
MgO	40,32	1,60552	S	32,06	1,50596

2. Die graphische Darstellung der Gesteinsanalysen.

Eine Zeichnung wirkt stets eindrucksvoller auf das Auge als eine Reihe von Zahlen und eignet sich weit besser, wenn es gilt, die Beziehungen von Gesteinen einer Provinz untereinander oder die Unterschiede gegenüber anderen Provinzen darzulegen. Deshalb wurde schon frühzeitig versucht, die Analysenergebnisse graphisch darzustellen. Es kann nicht der Zweck dieser Zeilen sein, alle älteren und neuen Methoden zu besprechen, das würde auch den gegebenen Rahmen weit überschreiten.[11]) Es sollen nur einige der heute üblichen Methoden gebracht und an Beispielen der Vorgang der Berechnung und der Projektion gezeigt werden.

Das Einfachste wäre eine Darstellung in einem rechtwinkeligen Koordinatensystem, die eine Größe (z. B. SiO_2) als Abszisse und die anderen Oxyde als Ordinate wiedergibt, wie dies in der amerikanischen und englischen Literatur zum

[11]) Vgl. diesbezüglich die Zusammenstellung in A. Johannsen, A descriptive petrography of the igneous rocks. New York 1931.

Teil üblich war. In abgeänderter Form werden wir sie unten kennenlernen.

Für eine Projektion in einem gleichseitigen Dreiecke faßt man verwandte Oxyde unter Vernachlässigung der weniger wichtigen zu drei Stoffgruppen zusammen, wobei diese Gruppen die Eckpunkte des Dreieckes besetzen. Einem jeden Punkt im Innern des Dreiecks entspricht dann ein bestimmtes Verhältnis der drei Komponenten.

Von den Darstellungen solcher „Konzentrationsdreiecke“ sei zunächst die Dreiecksdarstellung nach A. Osann erwähnt, die lange Zeit hindurch viel benutzt wurde und die Grundlagen zu den übrigen Methoden überhaupt bildet.

A. Die Projektionsmethode nach A. Osann.

Der Vorgang ist folgender: P_2O_5, H_2O, CO_2, S werden weggelassen, die verbleibenden Oxyde in Molekularquotienten umgewandelt und auf die Summe 100 gebracht. Dabei kommt BaO und SrO zu CaO, MnO zu FeO, Fe_2O_3 wird auf FeO umgerechnet, Li_2O kommt zu Na_2O und K_2O. Die Mol.-Prozente werden dann weiter wie folgt verwendet, und zwar: Die Mol.-Prozente von SiO_2 und $TiO_2 + ZrO_2$ zusammengezogen bilden die Zahl *s*, die in der Dreiecksdarstellung zunächst wegbleibt. Die übrigen Oxyde werden zu den Gruppen *A*, *C*, *F* zusammengefaßt; unter *A* ist die Menge der Alkalien, gebunden an Al_2O_3 im Verhältnis 1:1 gedacht, in *C* das an Al_2O_3 gebundene CaO und in *F* die übrigen Oxyde mit dem Rest von CaO, das nicht an Alkalien gebunden ist (*W*, früher *M* bezeichnet).

Die Zahlen sind somit für den Fall, daß $Na_2O, K_2O + CaO > Al_2O_3 > Na_2O, K_2O$ wie z. B. bei der Analyse eines Hornblendegranits[12]) folgende:

---

[12]) Aus Rosenbusch-Osann, Elemente der Gesteinskunde, 2. Aufl., S. 99. 1922.

	Gew.-%	Mol.-%
SiO_2	60,11	67,65
TiO_2	0,82	0,69
Al_2O_3	15,93	10,55
Fe_2O_3	2,04	7,97
FeO	6,66	—
MgO	1,22	2,06
CaO	3,25	3,92
Na_2O	3,65	3,98
K_2O	4,18	3,00
H_2O	1,78	—
P_2O_5	0,37	0,18
SO_3	0,27	—
	100,28	100,00

$s = 67{,}65 + 0{,}69 = 68{,}34$
$A = 3{,}98 + 3{,}00 = 6{,}98$
$C = 10{,}55 - 6{,}98 = 3{,}57$
$F = 7{,}97 + 2{,}06 + (3{,}92 - 3{,}57) = 10{,}38$

Die drei Größen A, C, F werden auf die willkürliche Summe $a + c + f = 20$ oder 30 umgerechnet und der diesen Verhältnissen entsprechende Punkt wird im gleichseitigen Dreieck mit der Seitenlänge 20 (30) eingetragen. Wenn $a : c : f = 20$, so findet man durch die Proportion:

$$a : A = 20 : A + C + F \quad \text{und} \quad a = \frac{20\,A}{A + C + F} \quad \text{usf.}$$

Die Zahl k gibt Auskunft, wieviel freier Quarz vorhanden ist. Sie drückt das Verhältnis der gesamten Kieselsäure S zu derjenigen Menge aus, die nötig ist, um A, C und F abzusättigen. Daher ist $k = \frac{S}{6A + 2C + F}$, in unserem Falle 1,15, was auf einen geringen Quarzgehalt hinweist.

Schließlich wird das Verhältnis $\frac{Na_2O}{Na_2O + K_2O} = n$ angegeben und mit 10 multipliziert, um ganze Zahlen zu erhalten.

Die Zusammenfassung in drei Stoffgruppen ist nicht willkürlich, sondern stützt sich auf wichtige Gesetzmäßigkeiten im Gestein. Die Alkalien sind ja meist mit Al_2O_3 im Verhältnis 1:1 zu Alkalifeldspat gebunden, CaO in erster Linie gleichfalls mit Al_2O_3 im Anorthit, MgO und FeO beschränken sich auf die „dunklen Gemengteile“. Es spiegelt daher die Projektion die mineralogischen Verhältnisse recht gut wieder.

Ein Nachteil besteht jedoch darin, daß infolge der Verschiedenheiten der Gewichte der in *A*, *C* und *F* zusammengefaßten Gruppen die sauren, feldspatreichen Gesteine ein zu großes Verbreitungsgebiet auf Kosten der dunklen Gesteine besitzen, die sich viel enger um den Punkt *F* scharen.

Etwas anders ist die Berechnungsweise, wenn die Summe Na_2O und K_2O größer ist als Al_2O_3. Da in diesem Falle Alkalien in die Pyroxene und Hornblenden eintreten, verbindet A. Osann das überschüssige Na_2O mit Fe_2O_3 und rechnet dieses zu *A*. In dem sehr seltenen Fall, daß auch Fe_2O_3 (das von FeO abgezogen wird) für das Verhältnis $Na_2O : Fe_2O_3 = 1 : 1$ nicht ausreicht, wird die Gruppe $Na_2O . 2Fe_2O_3$ gebildet und gleichfalls zu *A* geschlagen. In dem Falle, wo $Al_2O_3 > A + CaO$ ist, wird dieser Tonerdeüberschuß „*T*“, wenn geringer als 0,05, vernachlässigt, wenn er größer ist, so wird, z. B. bei Vorhandensein von primärem Muscovit, H_2O nebst Alkalien zur Absättigung von *T* eingeführt. Bei stark basischen Gesteinen oder bei solchen mit Spinellgehalt bildet man die Gruppe $MgO . Al_2O_3$ und rechnet sie dann in der Größe von *T* zu *C*.

Um dieser Darstellung allgemeinen Charakter zu verleihen und vor allem die Variationsbreite der Erstarrungsgesteine deutlicher zum Ausdruck zu bringen, hat A. Osann neue Werte eingeführt.

Wieder wird SiO_2, TiO_2 und ZrO_2 zusammengezogen und dieser Wert als *S* in Verhältnis zu Al_2O_3 und (FeO, MgO, CaO) gesetzt. Dieses *S—Al—F*-Verhältnis gibt in der Dreiecksdarstellung (wie oben zu berechnen und einzutragen) ein gutes Bild von der Ausbreitung der Erstarrungsgesteine, die ein begrenztes Feld einnehmen und teilt zugleich den Projektionsraum der Sedimentgesteine in drei Felder der kieseligen, tonigen und karbonatisch-oxydischen Sedimente.

Das *Al—C—Alk*-Verhältnis trennt dagegen am besten die Gesteine der Kalkalkalireihe von denen der Alkalireihe und ist auch zur Trennung der Ortho- und Paragneise verwendbar.

Die oben besprochene Methode ist, wenn auch veraltet, grundlegend für alle übrigen, die heute allgemein üblich sind und vermittelt daher das Verständnis zu den folgenden Ausführungen. Deswegen wurde ihr eine ausführliche Würdigung zuteil.

Eine andere Dreiecksprojektion, die vorzüglich geeignet ist, bei kristallinen Schiefern Ortho- und Paragesteine zu trennen, und die daher noch immer mit Vorteil gebraucht wird, ist

B. Das *Si—U—L*-Dreieck von F. Becke.[13])

Der neue Gedanke liegt darin, das zur Unterscheidung von Eruptiv- und Sedimentgesteinen bedeutsame Verhältnis von Silicium zur Summe von Aluminium, Magnesium und Eisen einerseits und zur Summe von Natrium, Kalium und Calcium andererseits durch die Gruppen *Si*, *U* (Al + Fe + Mg) und *L* (Ca + Na + K) zum Ausdruck zu bringen. Es werden also in *U* die unlöslichen, in *L* die löslichen Stoffe zusammengefaßt. In Anlehnung an die Rosenbuschschen Metallatomzahlen werden bei der Berechnung die Mol.-Quotienten von Al_2O_3, Fe_2O_3, Na_2O und K_2O doppelt genommen (durch das halbe Mol.-Gewicht dividiert) und TiO_2 zu SiO_2 geschlagen. Es ist daher an obigem Beispiel von Granit (vgl. S. 92):

---

13) Siehe F. Becke, Denkschr. d. Akad. d. Wiss. in Wien, 75. Bd., S. 194, 1913.

	Mol.-Quotient.	in %	
$SiO_2 + TiO_2$	12130	69,0	= *Si* = 69,0
$2 \times Al_2O_3$	2758	15,7	
$MnO + FeO + 2 \times Fe_2O_3$.	356	2,0	= *U* = 18,2
MgO	94	0,5	
CaO	160	0,9	
$2 \times Na_2O$	956	5,4	= *L* = 12,7
$2 \times K_2O$	1128	6,4	
Summe	17582	99,9	

Um in einem rechtwinkeligen Koordinatensystem, das die Verwendung von Millimeterpapier gestattet, die Pro-

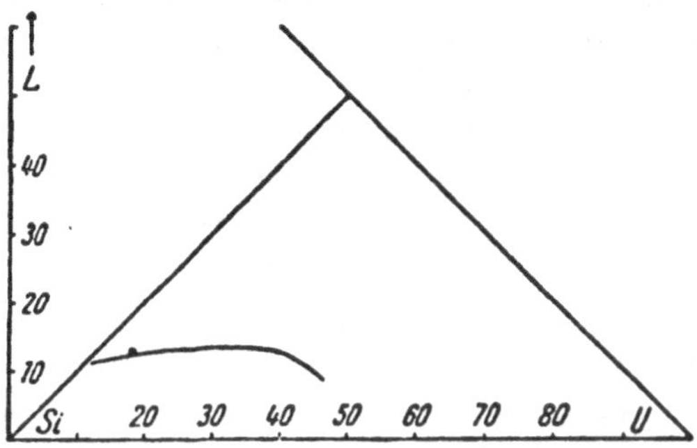

Abb. 5. *Si—U—L*-Dreieck nach F. Becke.
Tonerde-reiche Sedimente liegen unterhalb der Kurve.
• = Granit von Gmünd.

jektionspunkte eintragen zu können, verwendet F. Becke ein gleichschenklig-rechtwinkliges Dreieck mit den gleichen Seiten *Si—U* und *Si—L* und der Basis *U—L* und sieht von dem geringen Fehler, der dadurch entsteht, ab. Bezüglich der Aufstellung des Dreiecks vergleiche die Abb. 5! Trägt man nun eine Reihe von pazifischen Erstarrungsgesteinen ein, so bilden ihre Projektionspunkte einen schmalen Streifen, der sich von der Mittellinie des Dreiecks in *Si*-Nähe bogenförmig gegen *U* hinzieht. Die atlantische Reihe liegt durch größeres *L* bei gleichem *U* etwas höher. Die tonig-sandigen Sedimente und deren metamorphe Abkömmlinge bilden ein Feld, das sich ziemlich scharf gegen die Erstarrungsgesteine abgrenzt. Ihr großes *U* bei kleinem *L* nähert sie der Linie *Si—U* (siehe Abb. 5). Die Trennung kommt hier immer noch am besten zum Ausdruck, weshalb man diese Projektion mit Vorteil gebrauchen kann.

C. Das Konzentrationstetraeder nach P. Niggli.

P. Niggli[14]) hat in einer neuen Projektionsmethode die Vorzüge der Osannschen und Beckeschen Darstellung vereint und zugleich ihre Mängel beseitigt, so daß wir in ihr eine universelle, für alle Zwecke brauchbare Projektion besitzen, die gleicherweise für Eruptivgesteine, Sedimente und metamorphe Gesteine verwendbar ist und die daher heute allgemein gebraucht wird.

Der wesentliche Unterschied gegen die früheren Darstellungen im Dreieck besteht darin, daß infolge der geometrischen Eigenschaften des Tetraeders statt der drei Stoffgruppen vier gewählt werden können, deren gegenseitiges Mengenverhältnis, nach Umrechnung auf die Summe 100, durch einen Punkt im Tetraeder repräsentiert wird.

Der Vorgang der Berechnung soll an obigem Beispiel (Granit von Gmünd, S. 92) durchgeführt werden. Man geht wieder von den Molekularquotienten aus.

Zu den Projektionswerten kommt man auf folgende Weise:

al	$= Al_2O_3$ (evtl. Cr_2O_3)	1379	45,5%
fm	$= FeO + 2Fe_2O_3 + MgO + MnO$ (evtl. NiO, CoO usw.)	450	14,8%
c	$= CaO + BaO + SrO$	126	16,2%
alk	$= Na_2O + K_2O + Li_2O$	1042	34,4%
	Summe:	3033	100,0%

Die Menge der Kieselsäure wird in ein fixes Verhältnis zu obigen Größen gebracht und als *si* bezeichnet. Man findet den Wert durch die Proportion:

12090[15]): 3033 (Summe der Molukularquotienten von *al*, *fm*, *c* und *alk*) $= x : 100;\ x = 399.$

---

[14]) P. Niggli, Gesteins- und Mineralprovinzen. Bd. I. Berlin 1932.

[15]) Molekularquotient von SiO_2.

In analoger Weise findet man *ti*, *p*, *h*, co_2, *s* usw., z. B. $ti = 1{,}3$, da 40[16]): $3033 = x:100$; $x = 1{,}3$.

Um die Menge des freien Quarzes konnenzulernen, sättigt man die Alkalien mit der sechsfachen, *c*, soweit es an *al* gebunden ist, mit der zweifachen und *fm* mit dem Rest von CaO mit der einfachen Menge SiO_2 ab: das gibt die Größe *si'*. Es ist also

$$\begin{aligned} si' &= 6\,alk + 2\,(al - alk) + fm + [c - (al - alk)] \\ &= 5\,alk + al + fm + c; \end{aligned}$$

da $al + fm + c + alk = 100$, so folgt:

$$si' = 100 + 4\,alk = 238.$$[17])

Die Differenz *si*—*si'*, die Quarzzahl *qz*, gibt ein Maß für den freien Quarz. Sie ist bei reichlich quarzführenden Gesteinen positiv, bei kieselsäurearmen negativ.

Außer diesen Werten geben noch die Projektionswerte

$k = \frac{K_2O}{K_2O + Na_2O + Li_2O}$, $mg = \frac{MgO}{FeO + MnO + MgO}$ und

$o = \frac{2\,Fe_2O_3}{FeO + MgO + MgO}$ Auskunft über das Verhältnis des Kali zu den Gesamtalkalien, das von MgO zu *fm* und schließlich *o* über den Oxydationsgrad des Eisens.

Im Konzentrationstetraeder muß sich nun ein Punkt finden lassen, der den gegebenen Werten von *al*, *fm*, *c* und *alk* entspricht. Um von der räumlichen Tetraederdarstellung zu einer ebenen Projektion zu gelangen, erwies es sich als praktisch, die Kante *c*—*fm* in zehn gleiche Teile zu zerlegen, entsprechend den Punkten $fm:c = 9:1$, $fm:c = 8:2$ usf. und das Tetraeder in zehn gleiche Teile zu teilen, welche entstehen, wenn man durch diese Teilungspunkte und die Kante *al*—*alk* Ebenen legt. Die Punkte innerhalb der Teilräume werden

---

16) Molekularquotient von TiO_2.

17) Bei Alkaliüberschuß wird *si* zu $si' = 100 + 3\,al + 1\,alk$.

dann auf deren Mittelebene projiziert gedacht (siehe Abb. 6)! Aus dem Werte *c/fm* geht der Schnitt hervor, in den man dann mit Hilfe der Werte von *al* und *alk* den Projektionspunkt einträgt. Wegen der bequemeren Darstellung nimmt man die Schnittfiguren als gleichseitige Dreiecke an.

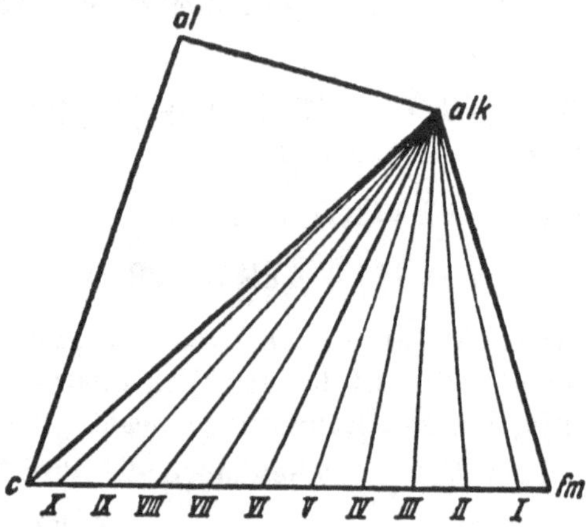

Abb. 6. Konzentrationstetraeder nach P. Niggli mit eingetragenen Schnittebenen.

Das *k—mg*- oder das *mg—c/fm*-Verhältnis in graphischer Darstellung im rechtwinkeligen Koordinatensystem gibt neben der Tetraederprojektion gleichfalls eine geeignete Möglichkeit zu gesteinschemischen Vergleichen.

Für eine Reihe von Analysen einer Gesteinsprovinz ist ferner das Nigglische Differentiationsdiagramm sehr übersichtlich und lehrreich. Auf der Abszisse werden die *si*-Werte aufgetragen, auf der Ordinate die dazugehörigen Werte von *al*, *fm*, *c* und *alk*. Der stetige Verlauf der Verbindungslinien ist für eine Provinz sehr charakteristisch; paßt ein Punkt nicht hinein, so ist vielfach auf einen Fehler in der Analyse oder auf die Eigenart des Gesteins (z. B. resorbierte Einschlüsse) zu schließen.

Die mannigfaltigen Verwendungsmöglichkeiten siehe in der petrographischen Literatur!

D. Die Niggli-Beckesche Methode.

Um das Zerlegen des Tetraeders zu vermeiden und von den Schnitten überhaupt unabhängig zu sein, gibt F. Becke[18]) schließlich von dem gesamten Tetraeder den Grund- und Aufriß. Dadurch ist der Vergleich von Gesteinen, die sonst in verschiedenen Schnittebenen liegen, einfacher und außerdem ist die Eintragung der Projektionspunkte auf Millimeterpapier möglich. Die dazugehörigen neuen Projektionszahlen

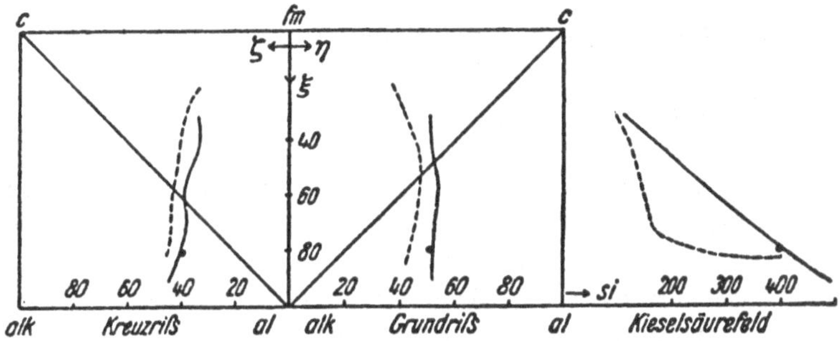

Abb. 7. Tetraederprojektion nach Niggli-Becke.
Ausgezogene Linie: pazifische Reihe, gestrichelte: atlantische Reihe.
• Granit von Gmünd.

lassen sich aus den Nigglischen Zahlen auf folgende Weise errechnen:

$$\xi = al + alk\,, \qquad \eta = c + al\,, \qquad \zeta = c + alk$$

und sind in der Weise einzutragen, wie dies aus Abb. 7 hervorgeht. Die *si*-Werte werden übersichtlich graphisch so dargestellt, daß *si* als Abszisse, ξ als Ordinate erscheint. Es trennt sich, wie Abb. 7 zeigt, die pazifische von der atlantischen Reihe im Grund- und Aufriß und im Kieselsäurefeld recht gut ab. Da natürlich auch die wichtigsten Gesteinsbildner in die Projektion eingetragen werden können, so ist der Mineralgehalt eines Gesteins annähernd aus der Lage des Punktes zu den Projektionspunkten der wichtigsten Gesteinsbildner

---

[18]) F. Becke, Min.-petr. Mitt. Bd. 37, S. 27, 1927.

abzuschätzen. Es erweist sich auch als sehr praktisch, Diagramme k—ξ, mg—ξ nebst k—mg zu verwenden.

Selbstverständlich sind die hier gebrachten Darstellungen nicht erschöpfend behandelt, es können innerhalb des engen Rahmens dieses Buches ja nur die Grundzüge der wichtigsten angeführt werden; man wird je nach der Aufgabe, die man lösen will, die eine oder andere Darstellungsart benutzen müssen.

E. Das Feldspatdreieck und die Kieselsäureprojektion nach A. Marchet.

Zum Schlusse mögen nur noch zwei Hilfsprojektionen angeführt werden, die eine Übersicht über die Zusammensetzung des normativen Feldspates (bzw. Feldspatvertreters bei Kieselsäuremangel) sowie über die normative Verteilung der Kieselsäure auf die Gemengteile gestatten und sich als praktisch erweisen. A. Marchet[19]) hat die folgenden Darstellungen zum erstenmal gebraucht und gezeigt, wie die nötigen Projektionswerte aus den Nigglischen Werten zu errechnen sind. Die Feldspatzusammensetzung wird in einem, der leichteren Durchführung wegen gleichschenkligen Dreieck (Basis = Höhe = 10), dargestellt. In den Eckpunkten des Dreiecks liegen dann *or*, *ab* und *an*, deren Berechnung auf folgende Weise erfolgt:

1. Fall: $alk < al < alk + c$.

$$or = \frac{k \cdot 2\,alk}{\xi} \times 10, \qquad ab = \frac{(1-k)\cdot 2\,alk}{\xi} \times 10, \qquad an = \frac{al - alk}{\xi} \times 10\,.$$

2. Fall: $al > c + alk$ (Tonerdeüberschuß).

$$or = \frac{k \cdot 2\,alk}{alk + \zeta} \times 10, \qquad ab = \frac{(1-k)\cdot 2\,alk}{alk + \zeta} \times 10, \qquad an = \frac{c}{alk + \zeta} \times 10\,.$$

3. Fall: $alk > al$ (hier vertritt *ak* [Akmit] die Stelle von *an*, weshalb die Projektionspunkte rechts vom Hauptdreieck einzutragen sind).

$$or = 10 \cdot k\,, \qquad ab = \frac{al - k \cdot alk}{alk} \times 10\,, \qquad ak = \frac{alk - al}{alk} \times 10\,.$$

---

[19]) A. Marchet, Sitzber. d. Akad. d. Wiss. in Wien, m.-n. Kl., Abt. I, 140. Bd., S. 490 u. 495, 1931.

Die Eintragung kann auf verschiedene Weise erfolgen; man trägt z. B. auf der horizontalen Mittellinie *an* auf und auf der vertikal gestellten Basis von der Mitte aus nach oben die positiven, nach unten die negativen Größen *ab—or*. Der Schnittpunkt der senkrechten Koordinate im Punkte *an* mit der horizontalen Geraden im Punkte *ab—or* ist der

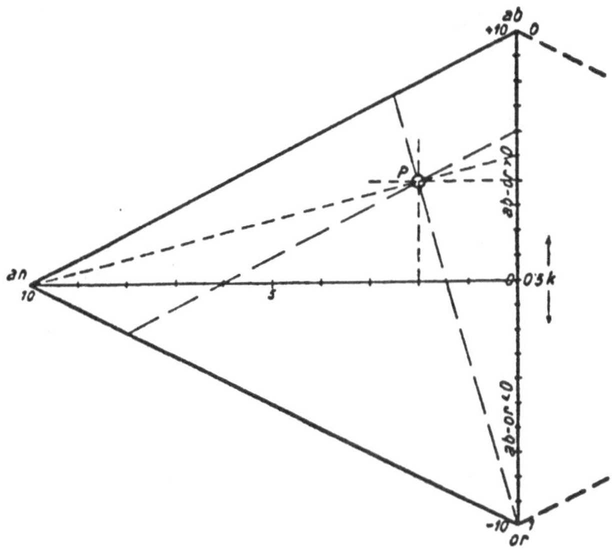

Abb. 8. Feldspatdreieck nach A. Marchet.
Projektionswerte für P: *or* = 2,0, *ab* = 6,0, *an* = 2,0, *k* = 0,25.

gesuchte Projektionspunkt. Man beachte, daß für die Eintragung von *ab—or* die Basis in 20 Teile geteilt sein muß (vgl. Abb. 8)! Man kann auch mittels der Werte *k* und *an* den Projektionspunkt finden, denn dieser ist der Schnittpunkt von zwei Geraden, die die Punkte mit gleichem *k* bzw. mit gleichem *an* darstellen. Die *k*-Zahl lese man auf der Basis ab. Die Gerade vom Eckpunkte *an* zum gefundenen *k*-Wert ist die erste, die Senkrechte im entsprechenden *an*-Wert auf der horizontalen Mittellinie ist die zweite Gerade.

Die Verteilung der Kieselsäure auf die normativen Gemengteile wird in der Abb. 9 graphisch dargestellt. Die Projektionszahlen finden sich im:

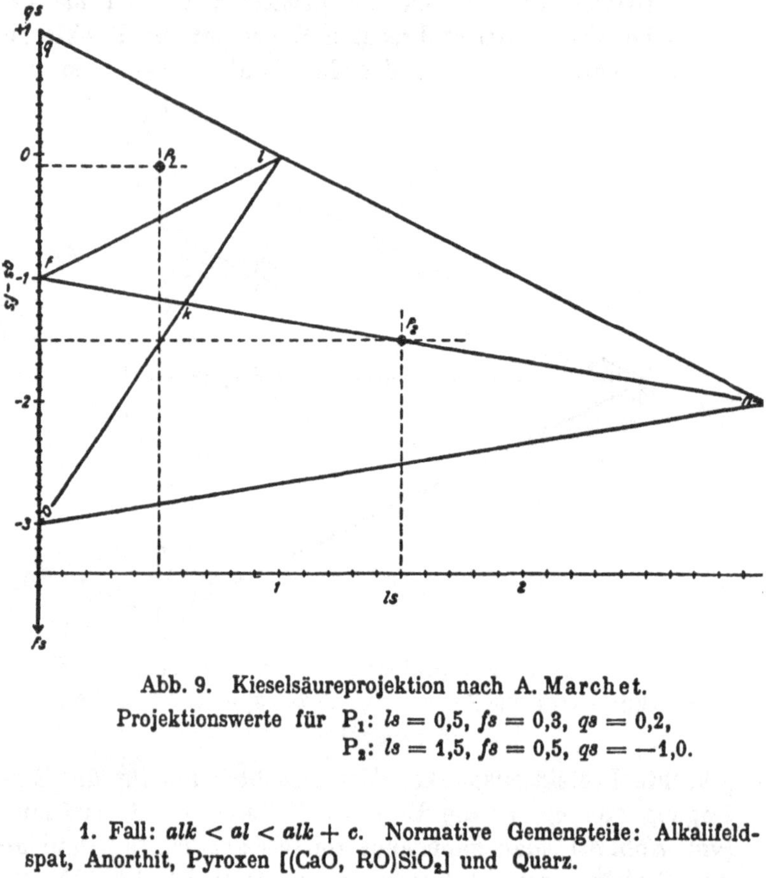

Abb. 9. Kieselsäureprojektion nach A. Marchet.
Projektionswerte für P_1: $ls = 0{,}5$, $fs = 0{,}3$, $qs = 0{,}2$,
P_2: $ls = 1{,}5$, $fs = 0{,}5$, $qs = -1{,}0$.

1. Fall: $alk < al < alk + c$. Normative Gemengteile: Alkalifeldspat, Anorthit, Pyroxen [(CaO, RO)SiO_2] und Quarz.

$$ls = \frac{2(\xi + alk)}{si}, \qquad fs = \frac{100 - 2\,al}{si}, \qquad qs = 1 - \frac{100 + 4\,alk}{si}.$$

2. Fall: $al > alk + c$. Normative Gemengteile: Alkalifeldspat, Anorthit, Pyroxen ($RO.SiO_2$, $RO.Al_2O_3.SiO_2$) und Quarz.

$$ls = \frac{2(\zeta + 2\,alk)}{si}, \qquad fs = \frac{fm}{si}, \qquad qs = 1 - \frac{2(\zeta + 2\,alk) + fm}{si}.$$

3. Fall: $alk > al$. Normative Gemengteile: Alkalifeldspat, Akmit ($Na_2O.Fe_2O_3.4\,SiO_2$), Pyroxen ($(CaO.RO)SiO_2$) und Quarz.

$$ls = \frac{6\,al}{si}, \qquad fs = \frac{100 + alk - 3\,al}{si}, \qquad qs = 1 - \frac{100 + alk + 3\,al}{si}.$$

Die Eintragung wird analog dem Feldspatdreieck wieder in einem gleichschenkligen Dreiecke vorgenommen. Auf der horizontal gestellten Höhe (= Basis = 10 cm) wird *ls* abgelesen und auf diesem Punkte die Ordinate errichtet; wo sich diese mit der Abszisse im Punkte der vertikal gestellten Basis, welcher der Differenz *qs*—*fs* entspricht, schneidet, liegt der gesuchte Pol. Wo die Eckpunkte für *q*, *f* und *l* liegen, geht aus der Abb. 9 hervor.

Diese beiden Dreiecke eignen sich sehr gut zu Vergleichszwecken und ihre Konstruktion ist außerdem einfach.

Literaturverzeichnis.

M. **Dittrich**, Gesteinsanalyse. Leipzig 1905.

H. S. **Washington**, The Chemical Analysis of Rocks. New York 1930.

W. F. **Hillebrand**, The Analysis of Silicate and Carbonate Rocks. United States Geological Survey, Bull. 700. Washington 1919.

J. **Jakob**, Anleitung zur chemischen Gesteinsanalyse. Berlin 1928.

W. D. **Treadwell**, Kurzes Lehrbuch der analytischen Chemie. II. Teil. 1930.

H. und W. **Biltz**, Ausführung quantitativer Analysen. Leipzig 1930.

P. **Niggli**, Gesteins- und Mineralprovinzen. Bd. I. Berlin 1923.

H. v. **Philipsborn**, Tabellen zur Berechnung von Mineral- und Gesteinsanalysen, 1932.

Als wichtigste Literatur über die spektroskopische Bestimmung seltener Elemente seien angeführt:

V. M. **Goldschmidt**, Nachr. Ges. d. Wiss., Göttingen, math. phys. Kl., 1930 u. ff.

A. **Hadding**, Mineralanalyse nach röntgenspektroskopischen Methoden. Ztschr. f. anorg. u. allgem. Chem. 122, 195, 1923.

Fr. **Löwe**, Optische Messungen des Chemikers usw. Dresden 1925.

H. **Lundegårdh**, Quantitative Spektralanalyse der Elemente. Jena 1929.

W. **Gerlach** und E. **Schweitzer**, Die chemische Emissionsspektralanalyse. Leipzig 1930.

W. **Böttger**, Physikalische Methoden der analytischen Chemie, Leipzig 1932.

MINERALOGIE · GEOLOGIE

Handbuch der Mineralogie. Von Carl Hintze. Fortgeführt von der 19. Lieferung des 1. Bandes an unter Mitwirkung zahlreicher Fachgenossen von Gottlob Linck. 2 Bände. Lexikon-Oktav.

I. Band: 1. Abt.: Elemente und Sulfide. VI, 1—1208 Seiten. 1904. RM. 38.—, in Halbfranz geb. RM. 48.—

2. Abt.: Oxyde und Haloide. VI, 1209—2674 Seiten. 1915. RM. 46.—, in Halbfranz geb. RM. 56.—

3. Abt: 2 Hälften: Nitrate, Jodate, Carbonate, Selenite, Tellurite, Manganite, Plumbate, Sulfate, Chromate, Molybdate, Wolframate, Uranate. 2677—4565 Seiten. 1930. RM. 160.—, in Halbfranz geb. RM. 176.—

4. Abt.: Borate, Aluminate. Ferrate, Arsenite und Antimonite. Bisher erschienen hiervon 8 Lieferungen. Zusammen RM. 86.—

II. Band: Silicate und Titanate. 1897. 1841 Seiten. RM. 58.—, in Halbfranz geb. RM. 68.—

Das großangelegte Werk kommt im Sommer 1933 zum Abschluß. Es behandelt die Mineralien nach Eigenschaften und Vorkommen erschöpfender und eingehender, als es in den bisher vorhandenen Lehrbüchern geschehen ist.

Mineralogie. Von Geheimen Bergrat Dr. R. Brauns, Professor an der Universität Bonn. Mit 132 Abbildungen. Sechste, verbesserte Auflage. 146 Seiten. 1925. (Sammlung Göschen Bd. 29.) Geb. RM. 1.62

Der Untersuchung der Formen und der physikalischen und chemischen Eigenschaften der Mineralien folgt die Beschreibung der Sulfide, Oxyde, Karbonate, Nitrate, Borate, Sulfate, Phosphate, Silikate u. a.

Tafeln zum Bestimmen der Mineralien mittels äußerer Kennzeichen. Von Dr. Alfons Lehner. Oktav. 72 Seiten. 1921. RM. 1.20

Eine Anleitung, Mineralien nach Glanz, Farbe, Strich, Härte, Dichte, Spaltung, Form und Vorkommen zu bestimmen.

Tafeln zum Bestimmen der Mineralien auf chemischem Wege, besonders vor dem Lötrohr. Von Dr. Alfons Lehner. Oktav. 63 S. 1921. RM. 1.20

Einer Tafel, die die Reaktionen von 67 Elementen und von Wasser enthält, folgt der Schlüssel zum Bestimmen der über 1000 Arten von Mineralien.

Die nutzbaren Mineralien und Gebirgsarten im Deutschen Reiche. Auf Grundlage des gleichnamigen von Dechenschen Werkes neu bearbeitet unter Mitwirkung von Prof. H. Bücking durch W. Bruhns, a. o. Professor an der Universität Straßburg i. E. Mit einer geologischen Karte. Groß-Oktav. XIX, 859 Seiten. 1906. RM. 10.—

Kristallographie. Von Professor Dr. W. Bruhns, neu bearbeitet von Professor Dr. P. Ramdohr. Mit 184 Abbildungen. 114 Seiten. 1926. (Sammlung Göschen Bd. 210.) Geb. RM. 1.62

Das vor allem für Studierende der Naturwissenschaften bestimmte Buch hat in der Neuauflage eine grundlegende Umarbeitung erfahren und ist auf den gegenwärtigen Stand der kristallographischen Wissenschaft gebracht.

Petrographie (Gesteinskunde). Von Professor Dr. W. Bruhns, neu bearbeitet von Professor Dr. P. Ramdohr, Bergakademie Clausthal. Mit 15 Abbild. 117 Seiten. 1926. (Samml. Göschen Bd. 173.) Geb. RM. 1.62

Der Band befaßt sich mit den Untersuchungsmethoden und Bestandteilen der Gesteine und erörtert dann die einzelnen großen Gesteinsmassen (Eruptivgesteine, Sedimentgesteine, kristalline Schiefer).

FSC
www.fsc.org
MIX
Papier | Fördert gute Waldnutzung
FSC® C083411

Zeitfracht Medien GmbH
Ferdinand-Jühlke-Straße 7
99095 Erfurt, Deutschland
produktsicherheit@kolibri360.de